防止电力建设工程施工安全事故三十项重点要求及编制说明

国家能源局　发布

2022年6月18日　发布　　　　　2022年6月18日　实施

中国电力出版社
CHINA ELECTRIC POWER PRESS

内 容 提 要

为切实做好电力建设工程施工安全监管工作，有效防范电力建设工程施工安全事故，国家能源局组织电力行业有关单位、协会及部分专家，根据近十五年来电力建设施工领域各类事故的案例分析以及经验教训，结合已颁布的标准规范，提炼出在电力建设施工中需要重点关注的一些措施和要求，形成了《防止电力建设工程施工安全事故三十项重点要求》（参照行业习惯称谓，简称《施工反措》）。2022 年 6 月 18 日国家能源局以国能发安全〔2022〕55 号文印发了《防止电力建设工程施工安全事故三十项重点要求》。

《施工反措》共分为 30 个部分，其中第 1 部分为总体要求，第 2～12 部分针对电力建设施工中发生率较高的事故类型（如高处坠落、坍塌、触电、起重伤害、物体打击等），第 13～30 部分针对电力建设施工中容易发生事故的作业环节（如有限空间作业、管道吹扫、烟囱/冷却塔筒壁施工、锅炉/汽机大件设备吊装等），提出了需要重点关注的一些管理措施和技术要求。《施工反措》既坚持内容的合规性和适用性，同时保证有较强的针对性、可操作性，有利于推动电力建设工程安全管理水平提升，促进企业班组安全管理活动的开展，规范从业人员作业行为，达到防范化解风险、及时消除安全隐患、有效遏制电力建设工程施工安全事故的目的。

本书列出了防止电力建设工程施工安全事故三十重点要求的全部内容及其编制说明，并在最后附上了电力建设工程施工安全方面重要的标准 NB/T 10096—2018《电力建设工程施工安全管理导则》。

本书是从事电力建设工作的工人、技术人员、管理干部及相关人员的必备书籍。

图书在版编目（CIP）数据

防止电力建设工程施工安全事故三十项重点要求及编制说明 / 国家能源局发布. —北京：中国电力出版社，2022.9
ISBN 978-7-5198-7080-5

Ⅰ. ①防… Ⅱ. ①国… Ⅲ. ①电力工程–工程施工–安全事故–事故预防 Ⅳ. ①TM08

中国版本图书馆 CIP 数据核字（2022）第 175923 号

出版发行：中国电力出版社
地　　址：北京市东城区北京站西街 19 号（邮政编码 100005）
网　　址：http://www.cepp.sgcc.com.cn
责任编辑：姜　萍
责任校对：黄　蓓　常燕昆
装帧设计：张俊霞
责任印制：吴　迪

印　　刷：三河市万龙印装有限公司
版　　次：2022 年 9 月第一版
印　　次：2022 年 9 月北京第一次印刷
开　　本：880 毫米×1230 毫米　32 开本
印　　张：9
字　　数：159 千字
印　　数：0001—5000 册
定　　价：68.00 元

国家能源局文件

（国能发安全〔2022〕55号）

国家能源局关于印发《防止电力建设工程施工安全事故三十项重点要求》的通知

各省（自治区、直辖市）能源局，有关省（自治区、直辖市）及新疆生产建设兵团发展改革委，北京市城管委，各派出机构，全国电力安委会企业成员单位，各有关单位：

为切实做好电力建设工程施工安全监管，有效防范电力建设工程施工安全事故，国家能源局组织电力行业有关单位、协会及专家，根据近十五年来电力建设施工领域各类事故的案例分析以及经验教训，结合已颁布的标准规范，提炼出在电力建设施工中需要重点关注的一些措施和要求，形成了《防止电力建设工程施工安全事故三十项重点要求》（参照行业习惯称谓，以下简称《施工反措》），现予以印发，并提出以下工作要求。

一、各电力企业要加强领导，认真组织，将《施工反措》作为安全生产管理、施工现场安全管控的主要内容，切实保证有关要求在电力建设施工中落实到位，有效防范事故的发生。

二、各电力企业要结合工作实际，采取多种方式，做好《施工反措》的宣传培训工作，"以案为鉴、警钟长鸣"，确保各项反事故措施入脑入心。

三、地方政府各级电力管理部门、各派出机构要加强监督管理，督促指导电力企业落实《施工反措》有关要求。

国家能源局（印）

2022 年 6 月 18 日

前　言

　　为深入贯彻落实习近平总书记关于安全生产重要论述，严格落实党中央、国务院关于安全生产的重大决策部署，牢固树立安全发展理念，弘扬生命至上、安全第一的思想，国家能源局组织电力行业有关单位以"控风险、除隐患"为主线，在认真分析研究 2005～2020 年电力建设工程施工安全事故的直接原因、提炼反事故实践经验的基础上，结合现行标准、规范，编制了《防止电力建设工程施工安全事故三十项重点要求》（参照行业习惯称谓，以下简称《施工反措》）。

　　《施工反措》既坚持内容的合规性和适用性，同时保证有较强的针对性、可操作性，有利于推动电力建设工程安全管理水平提升，促进企业班组安全管理活动的开展，规范从业人员作业行为，达到防范化解风险、及时消除安全隐患、有效遏制电力建设工程施工安全事故的目的。

目　录

防止电力建设工程施工安全事故
三十项重点要求

1 总体要求

1.1 建设单位不得对工程总承包单位、施工单位等提出违反安全生产法律法规和强制性标准的要求，严禁擅自压缩合同约定的工期。

1.2 严禁工程总承包单位、施工单位超资质、超经营范围承揽工程项目。

1.3 施工单位必须在危险性较大的分部分项工程（以下简称危大工程）施工前编制专项施工方案。危大工程专项施工方案应由施工单位项目部技术负责人组织编写，施工单位本部相关部门审核，施工单位本部技术负责人批准。其中超过一定规模的危大工程专项施工方案应由施工单位组织符合专业要求且持有专家证明的专家论证。

1.4 危大工程专项施工方案由施工单位审核合格后报监理单位，经专业监理工程师审查，由总监理工程师审核并签署意见后，报建设单位批准。实行工程总承包的，专项施工方案上报监理单位前，应经工程总承包单位技术负责人审核。

1.5 危大工程专项施工方案实施前，编制人员或技术负责人应当向现场管理人员和作业人员进行安全技术交底。

1.6 危大工程完成后，监理单位应组织有关人员进行验收。验收合格，经施工单位技术负责人、工程总承包单位负责人或项目技术负责人及总监理工程师签字后，方可进行后续工程施工。危险性较大作业项目成品在使用过程中应责成专人进行检查维护。

1.7 两个及以上施工单位在同一作业区域进行施工，发包单位应当组织签订安全生产管理协议，明确各方的安全生产管理职责和应当采取的安全措施，并指定专职安全生产管理人员进行安全检查与协调。

1.8 严禁安排有职业禁忌症（精神病、癫痫病、高血压、心脏病等）的从业人员从事其所禁忌的作业；严禁酒后作业、带病作业、疲劳作业、带情绪作业。

1.9 特种作业人员和特种设备作业人员必须按照国家有关规定经过专门的安全作业培训，取得特种作业操作证、建筑施工特种作业人员操作资格证、特种设备作业人员证，方可从事相应的作业。

1.10 严禁在无专人监护的情况下，从事爆破、吊装、动火、临时用电、有限空间、高处作业、临近带电体作业等危险作业。

1.11 从业人员上岗前，必须按规定经过三级安全教育培训和考核，考核合格后方可上岗。

1.12 采用新技术、新工艺、新流程、新设备、新材料的建设工程，必须采取有效的安全防护措施；不符合现行电力安全技术规范或标准规定的，应当提请建设单位组织专题技术论证并确认。

1.13 采用（使用）新技术、新工艺、新流程、新设备、新材料，必须对从业人员进行专门的安全培训。

1.14 从业人员在作业过程中，应当严格遵守本单位的安全生产规章制度和操作规程，必须正确佩戴和使用合格的劳动防护用品。

1.15 施工机械设备投入使用前，施工单位应对整机的安全技术状况进行检查，检查合格并经监理单位复检确认，方可投入使用。特种设备必须经检验机构检验；未经检验或者检验不合格的，不得交付使用。

1.16 新建、改建、扩建工程的安全设施，必须与主体工程同时设计、同时施工、同时投入生产和使用。

1.17 严禁在安全风险不可控、事故隐患未治理、安全设施不完善、安全措施未落实等不具备安全生产条件的情况下组织施工。

2 防止高处坠落事故

2.1 一般规定

2.1.1 患有高处作业禁忌症的人员严禁从事高处作业。

2.1.2 高处作业人员必须正确佩戴使用安全帽、安全带、攀登自锁器、速差自控器等安全防护用具。

2.1.3 施工或生产作业区的通道及各种孔、洞、井、坑口、平台临边等部位必须设置规范可靠的安全防护设施。

2.1.4 在轻质型材等强度不足的高处作业面、屋面（如石棉瓦、铁皮板、采光浪板、装饰板、屋面光伏板等）上作业，必须搭设临时通道，并在梁下张设安全平网或搭设安全防护设施。严禁未采取措施在轻质型材上行走、作业。临空一面应装设安全网或防护栏杆。

2.1.5 遇有六级（10.8～13.8m/s）及以上大风禁止露天高处作业（吊篮作业要求参见 2.6.5）；冰雪、霜冻、雨雾天气下如未采取防滑、防寒、防冻等安全防护措施，禁止进行高处作业。

2.1.6 基坑必须设置专用斜道、梯道、扶梯、入坑踏步等攀登设施，作业人员严禁沿坑壁、支撑或乘坐非载人运输工具进出基坑。

2.1.7 基坑支撑拆除施工时，必须设置安全可靠的防护措施和作业空间，严禁无关人员入内。

2.2 防止脚手架高处坠落

2.2.1 作业层脚手板必须铺满、铺稳、铺实、铺平并绑扎固定，禁止铺设单板，脚手板探头长度不得大于 150mm；脚手架内立杆与建筑物距离大于 150mm 时，必须采取封闭防护措施。

2.2.2 脚手架作业层外侧应设置两道防护栏杆和不低于 180mm 高的挡脚板。扣件式和碗扣式立杆碗扣节点间距按 0.6m 模数设置的钢管脚手架，上栏杆距作业层高度应为 1.2m，中间栏杆应居中设置；承插型盘扣式和碗扣式立杆碗扣节点间距按 0.5m 模数设置的钢管脚手架，上栏杆距作业层高度应为 1.0m，中间栏杆应居中设置。

2.2.3 工具式脚手架外侧、承重式脚手架作业层必须采用符合阻燃要求的密目式安全立网全封闭，不得留有空隙，必须与架体绑扎牢固。

2.2.4 脚手架作业层脚手板下必须采用安全平网兜底，以下每隔不大于 10m 必须采用安全平网封闭。

2.2.5 脚手架作业层里排架体与建筑物之间空隙应采

用脚手板或安全平网封闭。

2.3 防止模板施工高处坠落

2.3.1 上下模板支撑架必须设置专用攀登通道，不得在连接件和支撑件上攀登，不得在上下同一垂直面上同时装拆模板。

2.3.2 模板安装和拆卸时，作业人员必须有可靠的立足点和防止坠落的防护措施。

2.3.3 高处搭设与拆除柱模板、悬挑结构的模板，必须设置操作平台；支设临空构筑物模板时，必须搭设支架或脚手架；悬空安装大模板，必须在平台上操作。

2.3.4 翻模、爬模、滑模等工具式模板必须设置操作平台，上下操作平台间必须设置专用攀登通道。

2.4 防止钢筋及混凝土施工高处坠落

2.4.1 绑扎钢筋和安装钢筋骨架需要悬空作业时，必须搭设脚手架和上下通道，严禁攀爬钢筋骨架。

2.4.2 绑扎圈梁、挑梁、挑檐、外墙、边柱和悬空梁等构件的钢筋时，必须设置作业平台。

2.4.3 绑扎立柱和墙体钢筋时，严禁站在钢筋骨架上或攀登骨架作业。严禁未设置作业平台进行高处绑扎钢筋作业、预应力张拉作业。

2.4.4 未设置作业平台，禁止开展临边坠落高度在 2m

及以上的混凝土结构构件浇筑作业。

2.5 防止安装作业高处坠落

2.5.1 钢结构吊装悬空作业时必须设置牢固可靠的高处作业操作平台或操作立足点。

2.5.2 钢结构构件的吊装，必须搭设用于临时固定、焊接、螺栓连接等工序的高处安全设施，并随构件同时起吊就位，吊装就位的钢结构构件应及时连接。

2.5.3 钢结构安装或装配式混凝土结构安装，作业层必须设置手扶水平安全绳，搭设水平通道，通道两侧必须设置防护栏杆。

2.5.4 装配式建筑预制外墙施工所使用的外挂脚手架，其预埋挂点必须经设计计算，并设置防脱落装置，作业层必须设置操作平台。

2.5.5 装配式建筑预制构件吊装就位后，必须采用移动式升降平台或爬梯进行构件顶部的摘钩作业，或采用半自动脱钩装置。

2.5.6 安装管道时，必须在已完成的结构或稳固的作业平台上设立足点，严禁在未固定、无防护的结构构件及安装中的管道上作业或通行。

2.5.7 输电线路杆塔上作业除系好安全带外，还必须挂好二道防护绳。在塔上长距离移动时，必须始终保持至少一种安全保护装置有效。

2.6　防止高处作业吊篮坠落

2.6.1　吊篮必须选用专业厂家的定型产品，产品必须具有出厂合格证，严禁使用自行制作的吊篮。吊篮必须指定专人操作，操作人员须经培训合格。

2.6.2　吊篮内作业人员不应超过 2 人，每个作业人员的安全绳应独立设置，安全带必须挂设在有防坠器的安全绳上，安全绳不得与吊篮任何部位连接。

2.6.3　吊篮的安全锁必须完好有效，且不得超过有效标定。

2.6.4　在锅炉顶等钢结构顶部不易布置吊篮压重支架而采用自制吊篮支架时，自制支架必须经过设计计算，并经验收合格后使用。

2.6.5　当作业时段和作业部位阵风风速大于五级风（8.0～10.7m/s）或环境温度超出 −10～55℃ 范围时，禁止吊篮作业。

3 防止坍塌事故

3.1 一般规定

3.1.1 施工现场严禁超高堆放物料，物料堆放必须整齐稳固。现场加工或临时存放可能移动的结构及设备时，场地必须平整坚实，必须有可靠的防移动和防倾覆措施。

3.1.2 建筑施工临时结构必须遵循先设计后施工的原则，严禁超过原设计荷载在建筑、结构物上堆放建筑材料、模板、施工机具或其他物料。

3.1.3 规范设置施工现场临时排水系统。场地周围出现地表水汇流、排泄或地下水管渗漏时，必须对汇流排泄点及地下管渗漏点采取排水或堵漏措施，对基坑采取保护措施。严禁破坏挖填土方的边坡。

3.1.4 各类施工机械距基坑边缘、边坡坡顶、桩孔边的距离，应根据设备重量、支护结构、土质情况按设计要求进行确定，且不小于1.5m。严禁违反设计规定荷载在基坑边缘、边坡坡顶、桩孔边等堆放材料、停放设备。

3.1.5　高度超过 2m 的竖向混凝土构件，在钢筋绑扎过程及绑扎完成后、侧模安装完成前，必须采取有效的侧向临时支撑措施。

3.1.6　钢筋施工中，必须设置可靠的钢筋定位与支撑，上层钢筋网上严禁超载堆放物料。

3.1.7　人工挖孔桩必须设置作业平台，混凝土护壁应随挖随浇，上节护壁混凝土强度未达到要求时，严禁进行下节开挖施工。联排的人工挖孔桩（抗滑桩）施工时，应当跳槽开挖。

3.2　防止基坑坍塌

3.2.1　施工前必须将开挖影响范围内的塔机、临建设施、边坡、基坑、隧道、管线、通行车辆等纳入设计和验算范围。严禁无施工方案施工。

3.2.2　基坑施工必须分层、分段、限时、均衡开挖，严禁不按顺序和参数进行基坑开挖和支护。

3.2.3　基坑边坡的顶部、坑底四周必须设排水措施。

3.2.4　人工开挖、清理狭窄基槽或坑井时，必须按要求放坡和支护，严禁在基槽或坑井边缘堆载。

3.2.5　基坑下部的承压水影响基坑安全时，必须采取坑底土体加固或降低承压水头等治理措施。

3.2.6　基坑施工遇降雨时间较长、降雨量较大时，必须提前对已开挖未支护基坑的侧壁采取覆盖措施，必须及时排除基坑内积水。

3.2.7 采取支护措施的基坑，必须在支护结构混凝土、砂浆达到强度或施加预应力的情况下，方可开挖下层土石方。严禁提前开挖和超挖。施工过程中，严禁设备或重物碰撞支撑、腰梁、锚杆等基坑支护结构，严禁在支护结构上放置或悬挂重物。

3.2.8 拆除支护结构时必须按基坑回填顺序自下而上逐层拆除，随拆随填，分层夯实，必要时应采取加固措施。严禁在坑内梁、板、柱结构及换撑结构混凝土未达到设计要求强度的情况下拆除支撑。

3.2.9 基坑开挖、支护及坑内作业过程中必须对基坑及周边环境进行巡视，发现异常情况应及时采取措施；严格按照规定和方案对基坑进行实时监测；对于超过一定规模的深基坑工程，应委托第三方进行监测。

3.3 防止边坡坍塌

3.3.1 边坡工程必须遵循边施工边治理，边施工边监测的原则进行切坡、填筑和支护结构的施工；严禁无设计、无施工方案组织边坡工程施工。

3.3.2 边坡开挖前必须设置变形监测点，定期监测边坡变形，发现裂痕、滑动、流土、涌水、崩塌等险情时，必须立即停止作业，撤出现场作业人员。

3.3.3 边坡开挖施工区域必须采取临时排水及防雨措

施，坡顶必须采取截、排水措施，未支护的坡面必须采取防雨水冲刷措施；已开挖的地段，边坡必须分层设置排水沟至坡外。

3.3.4 每级边坡开挖前，必须清除边坡上方已松动的石块及可能崩塌的岩土体，严禁在危石下方作业、休息和存放机具。

3.3.5 边坡开挖后，必须及时按设计要求进行支护结构施工或采取封闭措施。必须在边坡支护混凝土达到设计要求强度，以及锚杆（索）按设计要求施加预应力的情况下，方可开挖下一级土石方。

3.3.6 对开挖后不稳定或欠稳定的边坡，必须采取自上而下、分段跳槽、及时支护的逆作法或半逆作法施工，未经设计许可严禁大开挖、爆破作业。

3.3.7 高边坡开挖时必须要有专人监护。切坡作业时，严禁先切除坡脚，严禁从下部掏采。

3.3.8 严禁在滑坡体或回填土尚未压实地段上部堆土、堆放材料、停放施工机械或搭设临时设施。

3.3.9 边坡爆破施工时，必须采取措施防止爆破震动影响边坡及邻近建（构）筑物稳定。

3.3.10 人工开挖时挖掘分层厚度不得超过 2m，严禁掏根挖土和反坡挖土；作业人员严禁站在石块滑落的方向撬挖或上下层同时开挖。

3.4 防止脚手架坍塌

3.4.1 搭设脚手架所用管件、底座、可调托撑等必须进行验收，严禁使用不合格材料搭设脚手架。

3.4.2 脚手架地基与基础必须满足脚手架所受荷载、搭设高度等要求，严禁在不具备承载力的基础上搭设脚手架。基础排水必须畅通，不得有积水。混凝土结构面上的立杆必须采取防滑措施。

3.4.3 脚手架搭设必须按规定设置扫地杆、剪刀撑、连墙件等。

3.4.4 双排脚手架起步立杆必须采用不同长度的杆件交错布置，架体相邻立杆接头必须错开设置，严禁设置在同步内。开口形双排脚手架的两端均必须设置横向斜撑。

3.4.5 满堂钢管支撑架的构造应遵守下列规定：

3.4.5.1 严禁不按方案搭设支撑架，立杆间距、水平杆步距必须根据实际情况进行设计验算。

3.4.5.2 水平杆必须按步距沿纵向和横向通长连续设置，严禁缺失。必须按规定在立杆底部设置纵向和横向扫地杆。

3.4.5.3 架体必须均匀、对称设置剪刀撑或斜拉杆、交叉拉杆，并与架体连接牢固，连成整体。

3.4.5.4 支撑架高宽比超过 3 时，必须采取架体与既有结构连接、扩大架体平面尺寸或对称设置缆风绳等加强措施，否则严禁作业。

3.4.6 悬挑脚手架钢梁悬挑长度必须按设计确定，严禁固定段长度小于悬挑段长度的 1.25 倍。型钢悬挑梁固定端必须采用 2 对及以上 U 型钢筋拉环或锚固螺栓与建筑结构梁板固定，U 型钢筋拉环或锚固螺栓必须预埋至混凝土梁、板底层钢筋位置，必须与混凝土梁、板底层钢筋焊接或绑扎牢固。

3.4.7 脚手架使用期间应遵守下列规定：

3.4.7.1 严禁拆除主节点处的纵、横向水平杆，纵、横向扫地杆。严禁拆除连墙件。严禁使用重锤敲砸架体上的钢管和扣件。

3.4.7.2 开挖脚手架基础下的设备基础或管沟时，必须对脚手架采取加固措施。严禁在模板支撑架及脚手架基础开挖深度影响范围内进行挖掘作业。

3.4.7.3 严禁满堂支撑架顶部实际荷载超过设计规定。

3.4.7.4 严禁作业层上的施工荷载超过设计规定。严禁将模板支架、缆风绳、泵送混凝土和砂浆输送管等固定在脚手架上。严禁将脚手架作为起吊重物的承力点。

3.4.8 脚手架拆除应遵守下列规定：

3.4.8.1 双排脚手架拆除作业必须由上而下逐层进行，严禁上下同时拆除；连墙件必须随脚手架逐层拆除，严禁先将连墙件整层或数层拆除后再拆脚手架；分段拆除高差大于两步时，必须增设连墙件加固。

3.4.8.2 满堂支撑架拆除时，应按"先搭后拆，后搭先拆"的原则，从顶层开始，逐层向下进行，严禁上下层同时拆除。

3.5 防止模板坍塌

3.5.1 严禁使用不合格的模板，模板选用应符合设计规定，且必须满足承载力、刚度和整体稳固性要求。

3.5.2 混凝土强度未达到设计要求时，严禁拆除模板。拆模时，应根据锚固情况分批拆除锚固连接件，防止大片模板塌落。

3.5.3 大模板吊装就位后必须及时进行拼接、对拉紧固，设置侧向支撑或缆风绳等确保模板稳固的措施。

3.5.4 液压滑模应遵守下列规定：

3.5.4.1 提升架、操作平台、料台和吊脚手架必须具有足够的承载力和刚度。严禁使用未经设计验算、验收的液压提升系统。

3.5.4.2 模板滑升、混凝土出模时，混凝土发生流淌或局部塌落现象时，必须立即停滑处理。

3.5.5 液压爬模应遵守下列规定：

3.5.5.1 必须对承载螺栓、支撑杆和导轨主要受力部件分别按施工、爬升和停工三种工况进行强度、刚度及稳定性计算后，方可组织施工。

3.5.5.2 爬升时，承载体受力处的混凝土强度必须大于 10MPa，且必须满足设计要求。

3.5.6 混凝土浇筑顺序、支撑架和工具式模板拆除顺序必须按施工方案进行。

3.6 防止操作平台坍塌

3.6.1 操作平台面铺设的钢、木或竹胶合板等材质的脚手板，必须符合承载力要求，必须平整满铺及可靠固定。

3.6.2 必须在操作平台的明显位置设置限载标志，严禁超重、超高、集中堆放物料。

3.6.3 移动式操作平台高宽比严禁大于 2，施工荷载严禁大于 $1.5kN/m^2$。移动式操作平台的行走轮和导向轮必须设置制动设施。制动器除在移动情况外，必须保持制动状态。移动操作平台时，操作平台上严禁站人。

3.6.4 落地式操作平台必须与建筑物进行刚性连接或加设防倾措施，不得与脚手架连接。采用脚手架搭设操作平台时，必须经设计验算。

3.6.5 悬挑式操作平台应遵守以下规定：

3.6.5.1 操作平台的搁置点、拉结点、支撑点必须设置在稳定的主体结构上，可靠连接；严禁将操作平台设置在临时设施上。

3.6.5.2 操作平台的结构必须稳定可靠，承载力必须符合设计要求。悬挑梁必须锚固固定，操作平台的均布荷载严禁大于 5.5kN/m²，集中荷载严禁大于 15kN。

3.6.5.3 采用斜拉方式的悬挑式操作平台，平台两侧的连接吊环必须与前后两道斜拉钢丝绳连接，每一道钢丝绳必须能承载该侧所有荷载。

3.6.5.4 采用支承方式的悬挑式操作平台，必须在钢平台下方设置不少于两道斜撑，斜撑的一端必须支承在钢平台主结构钢梁下，另一端必须支承在建筑物主体结构。

3.6.5.5 采用悬臂梁式的操作平台，必须采用型钢制作悬挑梁或悬挑桁架，严禁使用钢管，其节点必须采用螺栓或焊接的刚性节点。当平台板上的主梁采用与主体结构预埋件焊接时，预埋件、焊缝均必须经设计计算，建筑主体结构必须同时满足强度要求。

3.6.5.6 操作平台应设置 4 个吊环，吊运时应使用卸扣，严禁使吊钩直接钩挂吊环。吊环应按通用吊环或起重吊环设计，必须满足强度要求。

3.6.5.7 安装操作平台时，钢丝绳必须采用专用的钢丝绳夹连接，钢丝绳夹数量必须与钢丝绳直径相匹配，且不得少于 4 个。建筑物锐角、利口周围系钢丝绳处必须加衬软垫物。

3.7 防止临时建筑坍塌

3.7.1 严禁采用毛竹、三合板、石棉瓦等搭设简易的临时建筑物；严禁将夹芯板作为活动房的竖向承重构件使用。

3.7.2 临时建筑严禁使用国家淘汰的原材料、构配件和设备等产品。

3.7.3 严禁将临时建筑布置在易发生滑坡、坍塌、泥石流、山洪等危险地段和低洼积水区域，且必须避开强风口、危房、河沟、高边坡、深基坑边缘等。搭设在空旷、山脚处的活动房必须采取防风、防雷接地、防洪和防暴雨等措施。

3.7.4 施工现场临时建筑的地基基础应稳固。严禁在临时建筑基础及影响范围内进行开挖作业。

3.7.5 施工围挡外侧为街道或行人通道时，必须采取加固措施。弃土及物料堆放应远离围挡，堆场离围挡的安全距离不应小于 1.0m。严禁在施工围挡上方或紧靠施工围挡架设广告或宣传标牌。

3.7.6 在影响临时建筑安全的区域内不得超重堆载，严禁堆土、堆放材料、停放施工机械，并不得有强夯、混凝土输送等振动源产生的振动影响。

3.7.7 施工现场使用的组装式活动房屋必须经验收合格后方可使用，使用荷载严禁超过其设计允许荷载。

3.7.8 临时建筑严禁设置在起重机械安装、使用和拆除期间可能倒塌覆盖的范围内。

3.8 防止拆除工程坍塌

3.8.1 拆除作业必须严格按专项施工方案所规定的拆

除顺序实施。

3.8.2 拆除工程施工严禁立体交叉作业，且必须对拟拆除物的稳定状态进行监测。

3.8.3 对局部拆除影响结构安全的，必须进行加固后方可开始拆除作业。建筑的承重梁柱，在其所承载的全部构件拆除前，不得先拆除。

3.8.4 采用起重机拆除大型构件时，必须用吊索具锁定牢固、起重机吊稳后，方可开展拆除作业。

3.8.5 爆破拆除应遵守下列规定：

3.8.5.1 爆破拆除工程的预拆除施工中，严禁拆除影响结构稳定的构件。预拆除作业应在装药前全部完成，严禁预拆除与装药交叉作业。

3.8.5.2 对高大建筑物、构筑物的爆破拆除设计，必须控制倒塌的触落地震动及爆破后坐、滚动、触地飞溅、前冲等危害，并应采取相应的安全技术措施。

3.8.6 严禁采用静力破碎的方法实施建筑物、构筑物整体拆除或承重构件拆除。

4　防止起重伤害事故

4.1　一般规定

4.1.1　未经授权或聘用的人员，禁止操作起重机械。对于属于特种设备的起重机械，必须由经培训考试合格且取得特种设备作业人员证的人员进行操作；持证人员禁止操作与准操机型不相符的起重机械。对于不属于特种设备的起重机械，必须由经培训考试合格的人员进行操作。

4.1.2　采用非常规起重设备、方法且单件起吊重量在100kN 及以上的起重吊装工程，必须编制专项施工方案并组织专家论证。

4.1.3　起重机械及其安全防护装置、工器具、吊索具等，必须在施工前经检查合格、安全系数符合规定后方可使用。闲置或停用一年以上的起重机械，必须经载荷试验后方可使用。

4.1.4　吊装区域地基承载力不满足要求、物件就位基础验收不合格、吊点选择不合理、吊索捆绑方式和角度不符合要求、物件及吊耳强度不满足要求的禁止吊装。

4.1.5 起重机工作时，必须保证臂架、吊索具、缆风绳等与带电体的最小距离满足要求。

4.1.6 吊装区域必须设置警戒线并派人监护，臂架和物件上严禁有人或浮置物，无关人员和车辆禁止通过或逗留。

4.1.7 禁止在雨、雪、大雾等恶劣天气或照明不足情况下进行起重作业。当作业地点的风力达到五级（8.0～10.7m/s）时，禁止吊装受风面积大的物件；当风力达到六级（10.8～13.8m/s）及以上时，禁止进行起重作业；当风速超过起重机械说明书规定的恶劣天气时，禁止起重机械工作。

4.1.8 禁止以运行的设备、管道及其附属设施等作为起吊设备及工器具的承力点；利用建（构）筑物或设备构件作为承力点时，必须经核算合格后方可使用。

4.1.9 起重机械严禁超载，严禁同时操作三个动作。在接近额定载荷时，严禁同时操作两个动作。臂架型起重机在接近额定载荷时，禁止降低起重臂（增幅）；最小工作半径就位时，禁止快速卸载。

4.1.10 物件就位时，未放置平稳或连接牢固时禁止松钩，禁止在未连接或未固定好的设备上作业。

4.1.11 起重机械在作业中出现故障或其他异常时，必须采取措施放下物件；起重机上有吊物时，操作人员严禁离开工作岗位；起重机械运转中严禁调整或检修。

4.1.12 吊装过程中禁止与吊装无关的悬停，无法避免时必须保证物件的稳定性和安全性，操作人员与起重机指挥严禁离开工作岗位。必须在采取可靠措施并通知操作人员后，方可对吊起的物件进行加工。

4.1.13 吊装作业应统一指挥，起重机指挥和操作人员禁止从事与施工无关的活动。操作人员、起重机指挥不能看清对方或物件时，必须设中间起重机指挥逐级传递信号。采用对讲机指挥作业时，必须保持不间断传递语音信号。信号中断必须立即停止动作，信号未恢复正常时禁止作业。多人绑挂同一物件时，必须做好呼唤应答，绑挂必须经确认合格后方可进行吊装。

4.1.14 两台及以上起重机械抬吊物件时，起重机械载荷分配必须满足专项施工方案要求后方可进行吊装。

4.2 防止流动式起重机起重伤害

4.2.1 流动式起重机停放或行驶时，其车轮、支腿或履带的前端、外侧与沟、坑边缘的距离必须符合要求。

4.2.2 正常作业时，过载解除开关或强制释放开关严禁使用。

4.2.3 汽车式（轮胎/全地面）起重机。

4.2.3.1 起重机铭牌、型号、性能表三者额定起重量标识不一致的禁止使用。

4.2.3.2 支腿作业时，所有轮胎必须离地，回转支承平面的倾斜度禁止超过使用说明书的规定。

4.2.3.3 作业前必须支好全部支腿，作业过程中严禁扳动支腿操纵阀。发现支腿下沉、起重机倾斜等不正常现象时，禁止继续吊装并及时处置。

4.2.3.4 平衡配重、超起装置配置必须符合使用说明书、起重性能表和专项施工方案要求。

4.2.3.5 使用楔形接头时须注意钢丝绳的穿绕方向，保证受力钢丝绳与受力方向在一条直线上；钢丝绳的尾端即自由端应使用钢丝绳夹固定，以防止钢丝绳意外滑出；严禁使用钢丝绳夹同时固定钢丝绳的自由端和受力端。

4.2.4 履带式起重机

4.2.4.1 起重机站位地面或支承面的承载能力必须大于起重机当前工况下最大接地比压，机身倾斜度禁止超过厂家规定。

4.2.4.2 超起工况作业时，超起配重的回落区域，必须平整坚实、高度符合配重安全回落要求。

4.3 防止桥式、门式、门座起重机起重伤害

4.3.1 露天工作的起重机，必须设置抗风防滑装置。作业完毕后，必须夹紧夹轨器,特殊天气时还应设置缆风绳。

4.3.2 进行起重作业时，运行区域内起重机结构与周边

固定障碍物的最小距离必须满足要求，供电滑线（电缆）必须设置防护装置。

4.3.3 两台及以上起重机在同一轨道上，以及在两条平行或交叉的轨道上作业时，必须制定可靠的交叉作业防碰撞措施，保证两机结构及吊物之间保持安全距离。禁止用一台起重机顶推另一台起重机（两机刚性连接的除外）。

4.3.4 起重机检修时，必须切断电源，设标识牌，需要通电时必须采取安全防护措施。

4.3.5 未安装传动式高度限位装置的桥式、门式起重机，必须同时安装两种不同形式的高度限位装置。

4.4 防止塔式起重机起重伤害

4.4.1 基础经验收合格后方可安装；风速超过使用说明书中规定时，禁止安装、拆卸和顶升作业；雨、雪、大雾和塔机结构上结冰等恶劣气候条件下，禁止施工。

4.4.2 需要安装附着装置的，附着位置和附着装置的强度应满足塔机使用说明书的要求或经过设计计算。

4.4.3 顶升加节应符合使用说明书要求。顶升前，必须将回转下支座与顶升套架可靠连接，并将塔机配平；顶升时，严禁进行起升、回转、变幅等操作；顶升结束后，应将标准节与回转下支座可靠连接并恢复解除的安全装置；顶升加节结束后，必须经验收合格后方可使用。

4.4.4 加节、降节作业时，爬升支撑装置起作用后，方可顶升降节。

4.4.5　加节后需进行附着的，必须按先安装附着装置、后顶升加节的顺序进行。拆卸作业时，必须先降节，后拆除附着装置。附着装置安装完成后，必须经验收合格后方可使用。

4.4.6　塔机的尾部与周围建筑物及其外围施工设施之间的安全距离不小于 0.6m。

4.4.7　两台塔机之间的最小架设距离应保证处于低位塔机的起重臂端部与另一台塔机的塔身之间至少有 2m 的距离；处于高位塔机的最低位置的部件（吊钩升至最高点或平衡重的最低部位）与低位塔机中处于最高位置部件之间的垂直距离不应小于 2m。集中布置多台塔机，作业中有交叉干涉、可能造成相互碰撞的，及塔机与建（构）筑物之间有干涉的，必须制订和采取防碰撞措施，并对所有操作、指挥、管理人员培训交底。

4.4.8　塔身、套架、回转支承螺栓严禁漏装、错装、紧固力矩不够及超力矩紧固；必须定期检查螺栓紧固状态，杜绝螺栓松动。

4.5　防止施工升降机、物料提升机起重伤害

4.5.1　当遇大雨、大雪、大雾，顶部风速大于说明书规定或导轨架、电缆表面结有冰层时，严禁使用。

4.5.2　运行中严禁开启吊笼门、层门。

4.5.3　超载保护、安全监控、防坠安全器、限位等安全装置必须齐全、灵敏可靠。必须有防止吊笼驶出导轨的机械措施，严禁用行程限位开关作为停止运行的控制开关。

4.5.4　超载、超员及严重偏载的情况下严禁使用。严禁物料提升机吊笼载人。

4.5.5　附墙架与结构物固定连接方式与角度、附墙架间距、最高附着点以上导轨架的自由端高度、行程限位撞尺等必须符合厂家要求，严禁私自调整。

4.5.6　加节顶升过程中必须悬挂禁止使用标识，加节完成后必须经验收合格后方可使用。

4.6　防止液压提升装置起重伤害

4.6.1　卡爪、钢绞线等零部件严禁超过设备制造厂家规定的次数和更换标准。严禁使用折弯、松股和严重锈蚀等缺陷超标钢绞线。

4.6.2　钢绞线左捻和右捻数量必须各半、对称布置，严禁错位、交叉或扭转，导出高度及弯曲半径必须符合使用说明书要求。

4.6.3　液压提升装置安装完成后，必须对液压缸进行同步性调试。起吊过程中，各台液压缸必须同步，所有卡爪完全锁紧；钢绞线有局部松弛现象或爬升式液压提升装置钢绞线有移动时，必须停机处理。

4.6.4 负荷未转换到安全锚组件上时，严禁长时间悬停。

4.6.5 液压系统故障时，必须立即停止顶（提）升作业，并采取必要的设备支撑措施。

4.7 防止缆索起重机起重伤害

4.7.1 地锚必须按设计要求施工，必须经验收合格后方可使用。

4.7.2 绳索系统必须按专项施工方案布置、必须经检测验收后方可使用。

4.7.3 溜放未设置储绳卷筒的绳索，其绞盘必须固定牢靠，且必须设置反向拽拉控制。

4.7.4 在承载索浇锌期间以及完成后的 24 小时内，现场及周围严禁存在可能会影响锌液凝聚质量的震动、抖动等因素。

4.7.5 缆机的非正常工作区为两端跨距约 10%范围（此范围内吊运能力明显下降），严禁长时间在非正常工作区内吊装作业。

4.7.6 除进行检修和维护保养等工作外，小车严禁搭乘人员；检修和维护保养时，小车搭乘工作人员仅允许"微速"运行。

4.7.7 缆机所吊重物靠近目标物时，牵引动作完成后重物高度必须大于所有障碍最高点 20m，水平方向距目标物大于 5m。

4.7.8 缆机所吊重物在任何方向靠近目标位（或障碍物）小于 20m 时，直至缆机停止动作前，必须进行连续指挥，指挥频率为 3 秒一次。连续指挥时，缆机操作人员如发现信号中断，必须停止操作缆机，咨询并得到起重机指挥答复后方可继续操作。

4.7.9 吊物必须超过障碍物 3m 以上才能指挥缆机进行牵引或大车行走。

4.7.10 起重机指挥与缆机所吊重物（边界）距离以 5～10m 为宜，禁止远距离指挥。

4.7.11 起重机指挥交换班（或中断一段时间）后开始指挥时，必须告知操作人员所指挥缆机的编号。

4.7.12 严禁一人指挥多台缆机，多人在不同施工部门指挥同一台缆机时必须要有语言上的交接。

4.8 防止其他起重机械起重伤害

4.8.1 卷扬机

4.8.1.1 钢丝绳端部与卷筒压紧装置连接必须牢固，卷筒上钢丝绳不少于三圈；制动器不少于 2 个且必须灵敏可靠。

4.8.1.2 作业前基座固定、钢丝绳、防护设施、制动装置、导向滑轮、索具等必须检查合格。

4.8.1.3 运行中如发现异常情况，必须立即停机进行排除；作业完毕，必须切断电源，锁好开关箱。

4.8.2 桅杆起重机

4.8.2.1 缆风绳的规格、数量及地锚的拉力、埋设深度等必须按照起重机性能经计算确定；缆风绳与桅杆和地锚的连接必须牢固。

4.8.2.2 必须在采取起重臂防后翻倾倒措施后方可使用。

4.8.3 电动、手拉葫芦

4.8.3.1 电动葫芦行走轮与轨道两侧间隙应定期检查并符合要求。

4.8.3.2 当采用两台或多台手拉葫芦吊同一物件时，必须制定可靠的安全技术措施，且单台手拉葫芦的允许起重量必须大于起吊物件的重量。

4.8.3.3 严禁将下吊钩回扣到起重链条上起吊物件。

4.8.3.4 起重作业暂停或将物件悬吊空中时，必须将手拉链拴在起重链上，需在空中停留较长时间时，必须同时在物件上加设保护钢丝绳。

4.8.4 千斤顶

4.8.4.1 使用过程中必须保持千斤顶与物件接触面垂直，并采取防滑措施。

4.8.4.2 两台及以上千斤顶同时顶升一个物件时，千斤顶总起重能力必须大于载荷的两倍。各千斤顶顶升速度不一致、受力不均衡时严禁使用。

4.8.4.3 严禁加长手柄或超过规定人数操作。顶升高度严禁超过有效顶程。

4.8.5　吊装门架

4.8.5.1　吊装门架必须经有资质的单位进行设计；对门架结构进行更改必须经门架设计单位同意。焊缝经检测合格后方可使用。

4.8.5.2　门架投入使用前必须进行全行程空载模拟试验。正式起吊载荷前，必须进行一次试吊，确认起升机构、行走机构、各受力构件和受力点、支腿（立柱）垂直度等正常后方可进行正式吊装。

4.8.5.3　在起吊和下降载荷时，必须对门架支腿（立柱）的垂直度进行实时监测，一旦超标，必须立即停止起吊或下降作业，采取措施纠正。

4.8.6　液压顶升塔

4.8.6.1　采用液压顶升塔吊装时，顶升塔基础、吊梁、轨道水平度、沉降及塔身垂直度、插销和转换手柄位置必须符合要求。

4.8.6.2　液压顶升塔顶升、下降、行走作业必须同步、缓慢、平稳，位移偏差必须符合使用说明书要求。

4.8.6.3　顶升塔油缸禁止长时间承载，特殊情况下必须卸载或插销承载。

4.8.6.4　起升机构和行走机构严禁同时运行。

5 防止触电事故

5.1 防止低压触电事故

5.1.1 施工用电设施安装、运行、维护、拆除必须由对应电压等级的持证电工负责。

5.1.2 当施工采用独立电源供电时，低压用电系统必须采用 TN-S 系统，配电布置必须采用一机一闸一保护，电气设备不带电的外露可导电部分必须与保护导体可靠连接。

5.1.3 当配电系统设置多级剩余电流动作保护时，每两级之间必须有保护性配合，并符合下列规定：

5.1.3.1 末级配电箱中的剩余电流保护器的额定动作电流不应大于 30mA，分断时间不应大于 0.1s。

5.1.3.2 当分配电箱中装设剩余电流保护器时，其额定动作电流不应小于末级配电箱剩余电流保护值的 3 倍，分断时间不应大于 0.3s。

5.1.3.3 当总配电箱中装设剩余电流保护器时，其额定动作电流不应小于分配电箱中剩余电流保护值的 3 倍，分断时间不应大于 0.5s。

5.1.3.4 剩余电流保护器必须每月检验一次，每次使用前启动试验按钮试跳一次，试跳不正常时严禁继续使用。

5.1.4 严禁利用额定电压220V的临时照明灯具作为行灯使用，行灯变压器严禁带入金属容器或金属管道内使用。

5.1.5 电缆与金属结构物接触必须采取可靠的绝缘措施。过路敷设的电缆必须采取防止被碾压损坏的保护措施。

5.1.6 配电箱内的保护导体，严禁串联使用，必须一个接线柱接一根保护导体。停用设备的隔离开关断开后，配电箱方可关门上锁。

5.1.7 移动电气设备时，必须切断电源。

5.1.8 用电设备电源开关跳闸时，严禁自行合闸，必须待电工查明原因并处理后，方可合闸继续使用。

5.1.9 水上、金属容器内、隧道内潮湿环境等特殊作业环境照明设备必须使用相应的安全电压。

5.1.10 保护接地装置必须定期检测接地电阻并做好相关记录。

5.1.11 六级（10.8～13.8m/s）及以上大风、雷雨、暴雨等恶劣天气，必须及时切断施工电源，严禁室外作业。

5.1.12 在活动板房、集装箱等金属外壳内穿越的低压线路必须穿绝缘管保护，防止破皮漏电。活动板房、集装箱等金属外壳必须可靠接地。

5.2 防止高压触电事故

5.2.1 严禁无票操作及擅自解除高压电器设备的防误操作闭锁装置，严禁误入带电运行间隔。

5.2.2 高压试验工作周围必须设围栏，满足安全距离，严禁其他人员进入试验场地或接触被试验设备。

5.2.3 在带电设备周围或上方进行安装或测量时，上下传递物件必须使用干燥的绝缘绳索，严禁使用钢卷尺或带有金属丝的测绳、皮尺。

5.2.4 高压开关柜、低压配电屏、保护盘、控制盘及各式操作箱等需要部分带电时，带电系统与非带电系统应有明显可靠的隔断措施，并应设安全标志。部分带电的装置，应设专人管理。

5.2.5 导地线附件安装完成，作业人员从导地线上全部撤离后，方可拆除临时接地线。

6 防止物体打击事故

6.1 进入现场必须正确佩戴安全帽，严禁在起重机械覆盖范围内和有可能坠物的区域逗留、休息。

6.2 高处放置的施工材料、小型工器具等必须稳妥放置或采取固定措施，否则严禁在其下方作业。

6.3 上、下层垂直交叉作业时，中间必须搭设严密牢固的防护隔板、罩栅或其他隔离设施；安全隔离措施尚未设置完成时，必须设置警戒隔离区，人员严禁进入隔离区。在无专项施工方案或现场未落实安全防护措施的情况下，严禁立体交叉作业。

6.4 高处作业必须做好防止物件掉落的防护措施；高处作业工具袋、工具保险绳必须拴紧系牢；上下传递物件必须用绳子系牢物件后再传递，严禁上下抛掷物品。高处作业下方必须设警戒区域。

6.5 高处临边、施工操作平台等安全防护栏杆下部必须按规定设置挡脚板，挡脚板与平台间隙不大于 10mm。

6.6　可能坠物的人员进出通道口和通行道路，其上部必须设置安全防护棚。安全防护棚应能承受高空坠物的冲击。

6.7　临近边坡的作业面、通行道路，当上方边坡的地质条件较差，或采用爆破方法施工边坡土石方时，必须在边坡上设置阻拦网、插打锚杆或覆盖钢丝网进行防护。

6.8　进洞前应做好洞脸边坡防护，高边坡应设置马道和平台，平台沿边应设置挡渣设施。

7 防止机械伤害事故

7.1 机械在运行中严禁进行检修或调整；严禁用手触摸其转动、传动等运动部位；当机械发生异常情况时，必须立即停机；检修、调整或中断使用时，必须将其动力断开。

7.2 机械设备的传动、转动等运动部位必须设安全防护装置；各种指示灯、仪表、制动器、限制器、安全阀、闭锁机构等安全装置齐全、完好。电动机械严禁使用倒顺开关。严禁戴手套操作转动设备。

7.3 砂轮机安全罩必须保持完整，砂轮片有缺损或裂纹时严禁使用；使用砂轮机时，操作人员必须站在侧面并戴防护眼镜，严禁在砂轮片的侧面打磨工件，严禁两人同时使用同一个砂轮机。

7.4 空气压缩机压力表、安全阀及调节器等必须定期进行校验；气压、机油压力、温度、电流等表计的指示值突然超出规定范围或指示不正常时必须立即停机进行检修。

7.5 混凝土及砂浆搅拌机进料、运转时，严禁将头或手伸进料斗与机架之间或滚筒内；料斗升起时，严禁在料斗下通过或停留；清理料坑时，料斗必须可靠固定并锁紧；检修或维护时，必须先切断电源，并悬挂警示牌；人员进入滚筒作业时，外面必须有人监护。

7.6 喷浆机必须按作业要求调整风压，严禁空气压缩机超压运行；作业时在喷嘴的前面及左右 5m 范围内禁止有人；暂停工作时，喷嘴严禁对着有人的方向；处理输料管堵塞故障时，必须先切断动力源，确认输料管疏通后再重新作业。

7.7 钢筋切断机操作时，严禁非操作人员在钢筋摆动范围内及切刀附近停留。带钩的钢筋严禁上机除锈。钢筋调直到末端时，操作人员应避开钢筋甩动范围。在弯曲钢筋的作业半径内和机身不设固定销的一侧严禁站人。

7.8 射钉枪枪口禁止对人，严禁用手掌推压钉管。在使用结束或更换零件时，在断开射钉枪之前，严禁装射钉弹。经两次扣动扳机子弹还不能击发时，保持原射击位置 30 秒后，再将射钉弹退出。

8 防止火灾事故

8.1 一般规定

8.1.1 临时消防设施必须与在建工程的施工同步设置，施工现场在建工程可利用已具备使用条件的永久性消防设施作为临时消防设施。当永久性消防设施无法满足使用要求时，必须增设临时消防设施，并定期对各类临时消防设施进行检查与保养，禁止使用过期和性能不达标消防器材。

8.1.2 现场临时设施必须符合消防设计。现场临时建筑、仓库、易燃易爆品库等各类建筑之间的防火安全距离，出入口、疏散通道、消防通道的设置，临时消防系统和消防器材的配置，以及易燃易爆物品的存放及处理，必须符合相关规程规范的要求。

8.1.3 现场生活、办公、可燃材料库和易燃易爆品库等临时建筑构件的燃烧性能等级必须为 A 级。当采用金属夹芯板材时，其芯材的燃烧性能等级必须为 A 级。

8.1.4 在施工现场易燃、易爆区周围动用明火或进行可能产生火花的作业,必须办理动火工作票、采取防火措施。

8.1.5 动火作业后,必须对现场进行检查,确认无火灾隐患后,动火操作人员方可离开。

8.1.6 开展滤油作业时,油系统的金属管道必须采取防静电接地措施,滤油机离火源及高温设备不得过近(或采取相应的防火措施)。采取保温措施的,保温材料必须选用阻燃材料。

8.1.7 酸性蓄电池室、油罐室、油处理室、大物流仓储等防火、防爆重点场所必须采用防爆型的照明、通风设备,其控制开关必须安装在室外。

8.2 防止焊接、切割、热处理火灾

8.2.1 进行焊接、切割、热处理作业时,隔离、防护必须采用有阻燃、隔热性能的材料制作的接火盆或隔离棚(墙),并确保能够阻挡作业过程中所产生的焊渣、火花。

8.2.2 进行焊接、切割或热处理作业时,必须清除焊渣、火花可能落入范围内,以及作业地点周围 10m 范围内的易燃、易爆物品,或采取有效的隔离、防护措施并设专人监护。

8.2.3 装过挥发性油剂及其他易燃物质的容器和管道在未清理干净前,严禁用电焊或火焊进行焊接或切割。

8.2.4 氧气瓶与乙炔、丙烷气瓶的工作间距不得小于

5m，气瓶与明火作业点的距离不得小于10m。乙炔瓶应安装灵敏可靠的回火防止器。

8.3　防止电线、电缆火灾

8.3.1　电气线路必须具有相应的绝缘强度和机械强度，严禁使用绝缘老化或失去绝缘性能的电气线路，严禁在电气线路上悬挂物品，严禁电气设备超负荷运行或带故障使用。

8.3.2　控制室、开关室、计算机室等通往电缆夹层、隧道、穿越楼板、墙壁、屏、盘、箱、柜等处的所有电缆孔洞和盘面之间的缝隙（含电缆穿墙套管与电缆之间缝隙）必须采用合格的不燃或难燃材料封堵。

8.3.3　电缆竖井和电缆沟必须分段做防火隔离，对敷设在主控室或厂房内构架上的电缆要采取分段阻燃措施。

8.3.4　在电缆通道、夹层内动火作业必须办理动火作业票，并采取可靠的防火措施。在电缆通道、夹层内使用的临时电源必须满足绝缘、防火要求。

8.4　防止变压器火灾

8.4.1　变压器在放油、滤油过程中，使用外接电源或真空热油循环进行干燥时，外壳、铁芯、夹件及各侧绕组、储油罐和油处理设备必须采取可靠接地。

8.4.2　变压器干燥现场严禁放置易燃物品，并应配备适用的消防器材。

8.4.3　变压器附件有缺陷需要进行焊接处理时，必须放尽残油，除净表面油污，运至安全地点后进行。

8.4.4　存在以下情况时，严禁对已充油的变压器、电抗器的微小渗漏进行补焊：

8.4.4.1　未制定专项方案或未进行全员安全技术交底。

8.4.4.2　变压器及电抗器的油面呼吸不畅通。

8.4.4.3　焊接部位在油面以上。

8.4.4.4　焊接部位油污未清理干净。

8.4.4.5　未采取气体保护焊或断续的电焊。

8.4.5　变压器干燥使用的电源及导线必须经负荷计算，电路中应有过负荷自动切断装置及过热报警装置。

8.5　防止汽机油系统火灾

8.5.1　油系统禁止使用铸铁、铸铜阀门，法兰禁止使用塑料垫、橡皮垫（含耐油橡皮垫）和石棉纸垫。

8.5.2　油管道法兰、阀门及轴承、调速系统等应保持严密不漏油，如有漏油必须及时消除，严禁漏油渗透至下部蒸汽管、阀门的保温层。

8.5.3　润滑油、密封油系统投运时，主油箱上的排烟风机必须投入运行，必须定期检查油管道和主油箱中的含氢量。当含氢量大于1%时，必须查明原因并及时消除。

8.5.4　机组试运期间必须对油系统渗漏情况定期检查，

机组油系统设备或管道发生漏油必须停机处理。

8.5.5 事故排油阀必须设两个串联钢质截止阀，其操作手轮必须设在距油箱 5m 以外的地方，手轮布置在零米地面以上，并有两个以上的通道，操作手轮不得加锁，且挂有明显的"禁止操作"标识牌。

8.6 防止燃油罐区火灾

8.6.1 储油罐或油箱的加热温度必须根据燃油种类严格控制在允许的范围内，加热燃油的蒸气温度，应低于油品的自燃点。

8.6.2 油罐区、输卸油管道必须有可靠的防静电安全接地装置，油罐区应设置可靠的防雷接地装置，并定期测试接地电阻值。

8.6.3 油区内易着火的临时建筑必须拆除，禁止存放易燃物品。

8.6.4 禁止携带和穿着易产生火花和静电的工具和服装进入燃油罐区。

8.7 防止制粉系统火灾

8.7.1 试运期间，制粉系统发生漏粉时必须及时消除漏粉点，清理积粉，严禁明火作业。

8.7.2 进入制粉系统内作业前必须确认无可燃气体的存在，消除静电；系统外至少应有两人监护，监护人应能直接看到作业人员。

8.8 防止输煤皮带火灾

输煤系统调试过程中应确保永久消防水、火灾报警系统已投用，若确实无法投用，应配备足够的临时消防设施并安排专人沿皮带进行巡视检查。严禁将带有火种的煤送入输煤皮带。

8.9 防止脱硫吸收塔火灾

8.9.1 脱硫防腐工程用的原材料库房与在建工程的防火间距不应小于 15m，原材料必须按生产厂家提供的储存、保管、运输技术要求入库储存分类存放，并应配置灭火器等消防设备，设置严禁动火标志。

8.9.2 脱硫防腐材料储存和施工场所禁止使用不符合防爆要求的用电设施。

8.9.3 脱硫吸收塔防腐施工区必须进行全封闭硬质隔离，设立警戒线，并在显著位置挂警示牌，设置专职安全人员现场监督，人员进出必须实名登记，未经允许的人员、材料禁止进入作业场地。在作业区 10m 范围内严禁动火作业。

8.9.4 脱硫防腐施工作业人员进入现场必须穿棉制衣服，禁止穿带有铁钉的鞋子。

8.9.5 脱硫系统防腐施工时，区域内禁止其他施工作业。

8.9.6 脱硫系统防腐施工时，作业区必须配备足量的灭火器或接引双路消防水带，并保证消防水随时可用。

8.9.7 收塔和烟道内部防腐施工时，必须预留 2 个以上出入孔，保持通道畅通，并设置 2 台及以上防爆型排风机进行强制通风。

8.9.8 在已完成防腐施工的吸收塔筒壁外动火作业时，必须封堵吸收塔上的人孔、管口和烟气进出口。

8.9.9 吸收塔及烟道内的脚手架应铺设钢脚手板，严禁铺设木、竹脚手板；禁止堆积物料，作业用胶板和胶水，即来即用，人离物尽。

8.9.10 施工人员撤离现场时，必须清理现场、消除热源、回收易燃废弃物、断开电气设备电源。

9 防止放炮（爆破）事故

9.1 爆破作业场所有下列情形之一时，禁止爆破作业：

9.1.1 距工作面 20m 以内的风流中瓦斯含量达到 1% 或有瓦斯突出征兆的。

9.1.2 爆破会造成巷道涌水、堤坝漏水、河床严重阻塞、泉水变迁的。

9.1.3 岩体有冒顶或边坡滑落危险的。

9.1.4 洞室、炮孔温度异常的。

9.1.5 地下爆破作业区的有害气体浓度超过规定的。

9.1.6 爆破可能危及建（构）筑物、公共设施或人员的安全而无有效防护措施的。

9.1.7 作业通道不安全或堵塞的。

9.1.8 支护规格与支护说明书的规定不符或工作面支护损坏的。

9.1.9 危险区边界未设警戒的。

9.1.10 光线不足、无照明或照明不符合规定的。

9.1.11 未按要求做好准备工作的。

9.2 露天和水下爆破装药前，遇以下恶劣气候和水文情况时，禁止爆破作业，所有人员必须立即撤到安全地点：

9.2.1 热带风暴或台风即将来临时。

9.2.2 雷电、暴雨雪来临时。

9.2.3 大雾天，能见度不超过 100m 时。

9.2.4 现场风力超过 8 级，浪高大于 1.0m 时。

9.2.5 水位暴涨暴落时。

9.3 非长大隧道掘进爆破时，起爆站必须设在洞口侧面 50m 以外；长大隧道在洞内的避车洞中设立起爆站时，起爆站距爆破位置不得小于 300m。竖井、斜井等掘进爆破，起爆时井筒内严禁有人。地下爆破距爆破作业面 100m 范围内照明电压必须按规定使用安全电压。

9.4 用爆破法贯通洞室，两工作面相距 15m 时，只准从一个工作面向前掘进，并应在双方通向工作面的安全地点设置警戒，待双方作业人员全部撤至安全地点后，方可起爆。间距小于 20m 的两个及以上平行、立体洞室中的一个洞室工作面需进行爆破时，应通知相邻洞室工作面的作业人员撤到安全地点。

9.5 禁止在杂散电流大于 30mA 的工作面或高压线射频电源危险范围内采用普通电雷管起爆；雷雨天禁止任何起爆网络连接作业。

9.6 装药警戒区内禁止携带烟火等火源以及手持式或

其他移动式通信设备；禁止钻残孔，在残孔附近钻孔时应避免凿穿残留炮孔；禁止在警戒区临时集中堆放大量炸药；禁止将起爆器材、起爆药包和炸药混合堆放或违规存放；禁止冲撞起爆药包；禁止炎热天气将爆破器材在强烈日光下暴晒；炮孔装药必须使用木质或竹制炮棍；禁止往孔内投掷起爆药包和敏感度高的炸药。

9.7　禁止使用无填塞爆破；禁止使用石块和易燃材料填塞炮孔。

9.8　各类爆破作业，人员未全部撤离爆破警戒区、警戒人员未到位、安全起爆条件不具备时，禁止起爆。

9.9　露天浅孔、深孔、特种爆破，爆后未超过 5min 禁止检查人员进入爆破作业地点；如不能确认有无盲炮，应经 15min 后才能进入爆区检查；地下开挖工程爆破后，经通风吹排烟、检查确认井下空气合格、等待时间超过 15min 后，方准许作业人员进入爆破作业地点。

9.10　处理盲炮时禁止无关人员进入警戒区；禁止强行拉出或掏出炮孔中的起爆药包。

10 防止场内车辆伤害事故

10.1 驾驶员必须充分确认周围环境安全后方可实施作业。严禁作业时将身体部位探出车外，离开车辆时必须携带钥匙并摘挡、拉手刹。驾驶员必须具有相应的资质，酒后严禁实施作业。

10.2 严禁车辆违规载人载物、人货混装、超速行驶，严禁违规举升人员、载人配重，叉车载物若遮挡驾驶员视线必须倒车低速行驶。

10.3 车辆在坡道上停放、装卸作业时，必须拉手刹并固定车轮，下坡时严禁空挡滑行。

10.4 实施大件运输、大件转场时，必须制订搬运方案和安全技术措施，必须指定有经验的专人负责，事前必须进行全面安全技术交底。

10.5 在货场、厂房、仓库、窄路等处严禁倒车，转弯时必须有专人指挥。实施复杂、狭窄场地，临边，临近带电体及线路等危险区域（路段）作业时，必须划定明

确的作业范围，设置警示标志并设专人监护。禁止无关
人员从作业区域穿行。

10.6 作业前，必须提前确认路基、边坡满足安全作业
要求；悬崖陡坡、路边临空边缘必须设安全警示标志、
安全墩、挡墙等防护设施，并确保夜间有充足照明。

10.7 应根据恶劣气候、气象、地质灾害情况及时启动
车辆作业预警，必须加强大型活动用车、作业用车和通
勤用车管理，制定并落实防止重、特大车辆伤害事故的
管控措施和应急预案。

11 防止淹溺事故

11.1　水上作业平台周边必须设置防护栏杆，人员上下通道必须设安全防护措施并设置多条安全通道。

11.2　水上作业时，作业人员必须穿救生衣、防滑鞋，并配备救生工具和足够的照明设施。

11.3　临水作业前必须探测水深，在施工现场必须设置安全防护设施、安全警示牌、围挡和其他警戒标识。严禁擅自移动或拆除施工现场的安全防护设施、标志、警示牌等。

11.4　施工过程中必须监测水位变化，围堰内外的水头差必须在设计范围内，筑岛围堰必须高出施工期间可能出现的最高水位 0.7m 以上。

11.5　水上围堰必须设置水上作业警示标志和防护栏，夜间河道作业区内必须布置警示照明灯，在靠近航道处的作业区必须设置防止船舶撞击的装置。

11.6　基坑、顶管工作井周边必须有良好的排水系统和设施，避免坑内出现大面积、长时间积水，并设置防护盖板或围栏，夜间必须设置警示灯。

11.7　隧道内反坡排水时，抽水设备排水能力必须大于排水量 20%以上并且有备用设备，抽水设备必须有备用电源。

11.8　当发生强降雨可能造成地下工程透水时，必须暂停隧道施工作业；恢复作业时，必须经检查无误后方可进行作业。

12 防止灼烫事故

12.1　开展焊接与热切割作业时，必须正确穿戴焊工工作服、焊工防护鞋、工作帽和焊工手套。电焊作业必须戴好焊工面罩，热切割作业必须戴好防护眼镜。

12.2　化学作业人员开展配置化学溶液、装卸酸（碱）等工作时，必须正确穿戴耐酸（碱）服、橡胶耐酸（碱）手套、防护眼镜（面罩）及防毒口罩。

12.3　在无可靠隔离措施的情况下，严禁在已投入使用的酸碱等腐蚀性液体设备或管道的阀门、法兰等部件附近作业或停留。

12.4　严禁在办公室、工具房、休息室、宿舍等地方存放酸、碱等危险化学品。

12.5　在施工现场易燃、易爆区周围或下方有作业人员时，动用明火或进行焊接作业必须采取防火隔离措施。

12.6　试运人员或检修作业人员工作时，严禁站在化学液体、热力汽水可能喷泄的方向。冲洗盛放化学品的液

位计时，必须站在液位计的侧面；松解法兰时，严禁正
对法兰站立。

12.7 试运期间对热力汽水管道及附件进行检修作业
时，必须办理工作票；制作的临时堵板相关参数必须经
计算确定且固定可靠。

13 防止有限空间作业
中毒和窒息事故

13.1 施工前必须对施工现场有限空间进行识别，对危险有害因素进行辨识。

13.2 必须根据有限空间作业的特点，制定应急预案，配备呼吸器、防毒面具、通信器材、安全绳索等防护设施和应急装备，严禁在作业人员不熟悉应急救援方法、应急物资不到位的情况下组织施工。

13.3 有限空间作业前应遵守下列规定：

13.3.1 必须对管理人员、监护人员、作业人员进行交底和培训，严禁在监护人员和作业人员未掌握有限空间作业安全知识、操作技能的情况下实施作业。有限空间监护人员应当持证上岗。

13.3.2 作业前必须实施围挡封闭，严禁无关人员进入作业区域。

13.3.3 进入有限空间作业前，严格实行作业审批制度，并确认相应的防护措施，严禁擅自进入有限空间作业。

13.3.4 作业前必须采取可靠的隔断（隔离）措施，将可能危及作业安全的设施设备、存在有毒有害物质的空间与作业地点有效隔离。

13.3.5 有限空间作业必须严格遵守"先通风、再检测、后作业"的原则。检测指标包括氧气浓度、易燃易爆物质（可燃性气体、爆炸性粉尘）浓度、有毒有害气体浓度，检测必须在作业开始前 30min 内实施。未对存在易燃易爆气体、有毒有害气体的环境进行通风、检测、评估的情况下，严禁组织开展有限空间作业。

13.3.6 作业人员与监护人员必须明确联络信号，信号不明，严禁作业。

13.3.7 进入有盛装或者残留物料对作业存在危害的有限空间前，必须对物料进行清洗、清空或者置换，严禁在危害物料未清除、未经检测合格的情况下组织作业。

13.3.8 进入有毒、缺氧有限空间中进行作业时，作业人员必须配备符合要求的防护面罩、移动式监测和报警仪器、通信设备、照明及应急救援设备等个人防护用品。

13.4 有限空间作业时应遵守下列规定：

13.4.1 在有限空间作业过程中，必须对氧气浓度、易燃易爆物质（可燃性气体、爆炸性粉尘）浓度、有毒有害气体浓度等指标进行定时检测或者连续监测；进入自然通风换气效果不良的有限空间，必须采取机械连续通风，严禁使用纯氧通风。作业中断间隔超过 30min，恢复作业前必须重新通风、检测合格后方可进入。

13.4.2 严禁作业人员在有毒害环境作业过程中摘下防护面罩及安全防护绳。

13.4.3 监护人员必须在作业现场并与作业人员保持联系，发现有限空间气体环境发生不良变化、安全防护措施失效和其他异常情况时，必须立即向作业人员发出撤离警报，并采取措施协助作业人员撤离。

13.4.4 有限空间作业中发生事故后，现场有关人员必须立即报警，严禁盲目施救。应急救援人员实施救援时，必须做好自身防护，佩戴适用的呼吸器具、救援器材等。

13.5 作业完成后必须进行人员和设备的清点，确认无误后方可关闭进出口及解除本次作业前采取的隔离、封闭措施。

14 防止管道吹扫事故

14.1 吹管临时系统必须经有设计资质的单位进行设计。

14.2 无特种设备制造资质单位生产的压力管道、压力容器，禁止接入吹管临时系统使用。

14.3 临时管道、临时设备部件及密封件等焊接焊口必须进行 100%无损检测，靶板前焊口必须采用氩弧焊打底。

14.4 高、中压主汽门的临时封堵装置必须安装牢固、严密，并经隐蔽验收合格。

14.5 吹管临时控制门必须靠近正式管道且垂直安装在水平管段，并搭设操作平台，实现远方操作，具有中停功能，且要具备防止临时控制门无法闭合的措施。

14.6 集粒器必须靠近再热器水平安装，并搭设便于清理的操作平台；布置在汽机房时，再热冷段管道必须进行清理，并验收合格。

14.7 吹管系统投入使用前，必须经建设、设计、施工、监理、调试单位联合验收合格。

14.8 吹管范围必须设置警戒区，专人巡护、值班。必须设专人负责管理吹管临时控制门，工作人员必须保持通信畅通。

14.9 吹管临时系统必须有防止人员烫伤的保温措施和可靠的防火措施，备足消防器材，严禁使用易燃材料。

14.10 拆装靶板前，必须与当值人员联系，确认吹管临时控制门已切断电源，关闭临时门的旁路门，并有可靠的安全措施；再次开启临时门时，必须确认靶板更换人员已经离开。

14.11 检查辅助蒸汽系统吹扫效果时，作业人员严禁站在管道的正下方和阀门、焊口的正面。

15　防止烟囱、冷却塔筒壁施工事故

15.1　烟囱、冷却塔筒壁施工必须按超过一定规模的危险性较大的分部分项工程进行管理，必须向现场管理人员和作业人员进行安全技术交底。

15.2　烟囱和冷却塔筒壁施工时必须划定危险区域，设置围栏、悬挂警示牌。危险区的进出口处必须设专人管理，严禁无关人员和车辆进入。

15.3　烟囱和冷却塔出入口必须设置安全通道，搭设安全防护棚，施工人员严禁在通道外逗留或通过。

15.4　在未采取可靠防护措施的情况下，危险区内严禁存放材料、半成品及设备。

15.5　烟囱、冷却塔的施工平台、操作架荷载严禁超过设计值。操作平台采用 50mm 厚的木板并固定牢靠，人员严禁集中在一侧工作，材料、器具等必须分散、均匀堆放。操作平台、平桥四周应设高 1.2m 的双道栏杆，并设置阻燃安全网。

15.6 平台上必须配备适量的灭火装置或器材。严禁在平台上堆放易燃物。在平台上进行电焊或气割时，应选择适当位置并采取防火措施。

15.7 冷却塔平桥的提升必须统一指挥，在平桥及系统提升过程中，升降机及平桥均严禁使用，提升后必须与井架卡牢。

15.8 在操作架下层工作时，应从指定地点上下，严禁随意攀越，且上、下过程不得失去保护。内外操作架必须拉设全兜式安全网。

15.9 筒壁采用翻模施工时，最上层承力层混凝土强度小于 2MPa 严禁浇筑混凝土。其上节混凝土强度未达到 6MPa 以上严禁拆模。

15.10 筒壁采用爬模时，新浇混凝土的强度必须达到 1.2MPa 及以上。支架爬升时，附墙架穿墙螺栓受力处的新浇混凝土强度必须达到 10MPa 以上。

15.11 烟囱、冷却塔筒壁施工过程中无可靠的安全防护措施严禁交叉作业，上道工序未验收合格严禁下道工序施工。

15.12 混凝土强度未达到模板拆除设计要求时，严禁拆除模板。

16 防止锅炉、汽机大件
设备吊装事故

16.1 一般规定

16.1.1 吊装作业前，必须办理安全施工作业票，吊装作业过程中，专业技术负责人和起重机指挥必须在现场。

16.1.2 吊装作业时必须采取防风、防雨雪、防冻措施，夜间作业时必须采取照明措施。

16.1.3 吊装作业前，必须进行悬停试验，并确认吊装机械制动可靠及各机构正常。

16.1.4 安装用施工通道、操作平台和安全防护设施不合格时，禁止吊装。

16.1.5 设备就位后，未确认连接牢固，禁止人员上下，严禁卸载摘钩。

16.2 防止发电机定子吊装事故

16.2.1 需现场配制的起吊门架、铺设轨道、专用吊具，必须经设计计算和验收合格后，方可使用。

16.2.2 桥式起重机强度和主梁垂直静挠度、轨道梁挠度、主厂房结构强度和排柱垂直度不满足要求的，利用起重机原有起吊系统吊装时，必须对传动系统起吊能力进行核算后，方可利用桥式起重机吊装。

16.2.3 采用液压提升装置吊装的，必须在钢绞线使用根数、次数及外观、性能状况，钢绞线垂直度及受力状况，吊装梁水平度，与带电物体安全距离等满足要求后，方可吊装。

16.2.4 吊装及平移应低速平稳，无特殊情况禁止停顿或变速。定子在空中有摆动时禁止起重机械动作。

16.2.5 吊装机械供电必须设置专用电源，吊装关键位置必须全程监视。

16.2.6 吊装完成后，桥式起重机及运行轨道必须经检查和恢复后，方可继续使用。

16.3 防止锅炉受热面吊装事故

16.3.1 专用吊耳必须经检查检测合格后方可使用；新购入或大修后的手拉葫芦必须经拉力试验合格并签证后方可使用。

16.3.2 受热面组件及临时加固设施必须经确认合格并签证后，方可吊装。

16.3.3 吊装管道时，捆绑钢丝绳必须设置可靠的防滑措施。

16.3.4　链条葫芦上下吊钩受力应在一条轴线上，起重能力在 5t 及以下的允许 1 人拉链，起重能力在 5t 以上的允许 2 人拉链，不得随意增加人数猛拉。

16.3.5　链条葫芦接钩、就位时，必须在受热面上加设保险钢丝绳，停顿时必须使保险钢丝绳承载。未加设保险钢丝绳并定期检查，且未横向固定牢固的设备，禁止长时间临时吊挂。吊挂钢丝绳必须有防焊接击伤和热切割灼伤措施。

16.3.6　钢梁必须经核算合格、棱角处采取防割伤钢丝绳措施后，方可用于设备临时吊挂。

16.3.7　起吊组合大件或不规则组件时，必须在物件上拴挂溜绳。

16.3.8　进行上下立体交叉作业时，禁止在同一垂直方向上操作。下层作业的位置，必须处于依上层高度确定的可能坠落半径范围之外。无法错开时，必须采取可靠的防护隔离措施。

16.4　防止除氧器吊装事故

16.4.1　吊装滑移时，除氧器滑移路线的基础必须满足承力要求，滑道的强度、刚度、稳定性及铺设必须符合滑移要求。

16.4.2　除氧器支座落在滑道上后，必须确认落点牢固后，方可进行起重机械卸载。

16.4.3 千斤顶使用时动作应相互协调、升降平稳，严禁倾斜和局部超载。

16.4.4 除氧器一端落在滑道上开始拖运时，另一端起重机操作必须保持同步，起重机钢丝绳保持受力竖直。

16.4.5 滑移过程中遇到卡涩时，在未查明原因的情况下，严禁强行拖拽。

16.5 防止锅炉板梁吊装事故

16.5.1 吊装作业前，板梁必须经验收合格，吊耳位置必须满足板梁挠度和起重机械载荷分配要求，吊耳受力方向、型式和强度必须经过核算满足要求。

16.5.2 翻转板梁时，必须采取起重机械防冲击措施。禁止同一机械主副钩配合翻转板梁。

16.5.3 风力大于等于五级（8.0～10.7m/s）时，禁止板梁吊装。

16.5.4 板梁抬吊时必须控制起重机械的起升同步性，监测板梁的水平度和与锅炉钢架的安全距离。

16.5.5 板梁吊装时，吊装机械严禁与其他起重机械或建构筑物干涉。吊装过程下方禁止有人。

16.5.6 板梁就位后，必须采取有效的固定措施。

16.6 防止锅炉汽包吊装事故

16.6.1 锅炉钢结构、顶板梁安装验收合格，具备承载条件后，方可进行汽包吊装。

16.6.2　吊装作业前，汽包外观、几何尺寸、就位方向及吊点的形式、位置和捆绑方式必须经核查正确，材质、焊缝必须经检验合格，吊装用卷扬机、滑轮组、导向滑轮或液压提升装置及承重钢结构、受力支撑点等必须经校验、检查合格。

16.6.3　采用卷扬机吊装时，必须监护卷筒钢丝绳排列状态和钢丝绳通过导向滑轮状态，并防止钢丝绳与其他物件摩擦，导向滑轮还应加油润滑、降温。

16.6.4　采用液压提升装置吊装需要长时间停顿时，必须将安全夹持器锁紧、电源切断，并派专人监护。

16.6.5　汽包吊装区域内严禁电焊、切割作业。吊装过程中汽包、钢丝绳、滑轮或钢绞线等必须与带电物体保持安全距离。

16.6.6　倾斜吊装时，汽包的倾斜角度和位置变化严禁超过吊装要求，各起吊机械严禁超载，汽包严禁与锅炉钢架碰撞。

16.6.7　汽包需水平位移时，必须设置平移装置，平移应缓慢、同步，各受力点符合强度要求。

16.6.8　汽包就位后，必须在确认连接牢固，吊杆螺母采取防松措施后，方可卸载摘钩。

17　防止太阳能热发电施工事故

17.1　施工前，必须检查有无危险地段、电气线路及其他障碍物等。

17.2　吊装集热器和定日镜时，必须使用专用吊索具并拴好溜绳。

17.3　镜片存放或搬运时，禁止使其焦点或焦线对着易燃易爆物品，或者易于受热损坏的物品。

17.4　进行集热器回路气压试验前，必须对压缩气体的爆炸冲击波和易碎物抛射距离进行计算。

17.5　进行集热管注油后的调试前，必须将保护膜清理干净。

17.6　集热器进行调试和维修时，物品和车辆等禁止处于焦点或焦线位置。

17.7　注油作业前，必须做好导热油毒性防护。进行涉及导热油的作业时，必须穿戴防护服和防护面罩。清理导热油滤网时，必须按相应程序降温降压，并有运行人员指挥。

17.8 储热罐注油和注熔盐作业时，必须制定防止烫伤措施。在含有氮气密封装置的系统作业时，必须制定防止窒息措施。

18 防止液氨储罐泄漏、中毒、爆炸事故

18.1 氨制冷相关工程的设计、施工单位必须具备相应资质，严禁使用质量不符合要求的储罐、管道、法兰、阀门等。

18.2 液氨储罐区必须与生活区、办公区分开，严禁在受崩塌、滑坡、地基沉陷、泥石流等地质灾害威胁部位选址，且不得设置在道路转弯下坡部位。选址必须与人口密集区域保持足够的安全距离，同时应考虑在事故情况下，因风向不利对厂外人口密集区域、公共设施、道路交通干线的影响。

18.3 氨区场所必须远离火源，氨区控制室和配电间出入门口不得朝向装置间。

18.4 氨区必须设置避雷装置，罐区入口、卸车、充装等场所必须设置静电释放装置，易燃物质的管道、法兰等必须要有防静电接地措施。氨区所有电气设备、配电柜、照明灯具、事故排风机等必须选用相应等级的防爆设备或采取防爆措施。

18.5 液氨储罐区必须设置视频安全监控系统、氨气浓度检测报警联动装置。在发生危险时能通过报警、联锁装置自动保护、自动泄压、自动排放、自动喷淋等措施防止事故扩大。

18.6 在储罐四周安装水喷淋装置，当储罐罐体温度过高时自动淋水装置应启动，防止液氨罐受热、暴晒。氨储存箱、氨计量箱的排气，应设置氨气吸收装置。

18.7 液氨系统必须经检测合格后方可投入使用。液氨储罐应设置液位计、压力表和安全阀等安全附件，且必须定期校验；低温液氨储罐应设温度指示仪。

18.8 液氨运输必须选用具有危险货物运输资质的单位，并签订专项运输协议。

18.9 液氨槽车卸氨时，必须在现场划分安全区域，设专人监护，严禁无关人员进入，操作人员必须按规定穿戴劳动防护用品。严禁未装阻火器的机动车辆进入氨区。

18.10 卸氨时流速和压力必须符合操作规程并安排专人观测液氨高压储罐液位，液位不应大于其径向高度的50%～80%，液位接近 80%时应停止充装，严禁使用软管卸氨。

18.11 氨区严禁吸烟、带火种，严禁穿戴铁钉鞋、穿化纤衣物进入氨区。人员进入储罐区前，必须释放静电。

操作时，应按规定佩戴个人防护用品。

18.12　液氨储罐、管道、法兰、阀门必须定期检查和检修；空罐检修时必须采取措施防止罐内形成爆炸性混合气体；严禁在存有液氨的罐体上实施动火作业。

19 防止输电线路工程深基坑中毒窒息事故

19.1 深基坑内作业应坚持"先通风、再检测、后作业"的原则，未经通风和检测合格，任何人员不得进入深基坑内作业。检测的时间不得早于作业开始前30min，在深基坑内作业过程中，必须进行定时检测或者连续监测。

19.2 深基坑内作业严禁用纯氧进行通风换气，严禁在坑内使用燃油动力机械设备。

19.3 人工挖孔桩基础施工时，严禁作业人员乘用提土工具上下；坑内作业禁止超过 2 人，每次作业禁止超过2h，严禁在坑内休息。

19.4 开挖过程如出现地下水异常（水量大、水压高），必须立即停止作业，在未制定切实有效的措施和方案前，严禁擅自施工。

19.5　基坑内基础混凝土暖棚养护时，必须采取监控措施和通风措施后方可作业。

19.6　掏挖桩基础时，坑上应设监护人。发生中毒窒息事故时禁止盲目施救。

20 防止输电线路工程倒塔事故

20.1 杆塔组立施工，必须对拉线、地锚计算校核，并通过验收。

20.2 杆塔组立施工时，严禁使用不匹配的地脚螺栓与螺母，组塔前必须将所有地脚螺栓佩带上螺母。

20.3 在杆塔的关键部位塔材缺失、螺栓未紧固的情况下，严禁进行架线作业。

20.4 架线作业前，必须对放线段塔脚板地脚螺栓与螺母的匹配进行检查、对塔脚板地脚螺栓双螺母进行紧固、对铁塔螺栓进行复检紧固，对拉线和地锚进行检查。

20.5 非平衡挂线施工时，必须在设置反方向临时拉线、对受力地锚及拉线进行检查、确认拉线受力符合要求的情况下，方可进行耐张杆塔紧线作业。

21 防止抱杆倾倒事故

21.1 抱杆组塔施工前，必须对主要受力工具进行检查，严禁以小代大或超负荷使用。

21.2 抱杆的拉线、地锚必须经过计算校核并通过验收。

21.3 严禁利用树木或外露岩石等承力大小不明物体作为受力钢丝绳的地锚；临时地锚必须采取避免被雨水浸泡的措施。

21.4 抱杆系统布置情况未经检查严禁开展组塔作业，坐地抱杆底部必须坚实稳固平整。

21.5 杆塔组立起立抱杆作业，严禁使用正装法。

21.6 抱杆吊装塔材时，严禁超负荷吊装。

21.7 构件起吊和就位过程中，严禁调整抱杆拉线；座地抱杆高度超过其设计独立起升高度时，必须安装附着件。

22 防止输电线路跨（穿）越施工事故

22.1 跨越高速铁路、高速公路、110kV 及以上带电线路、江河航道时，专项施工方案必须经专家审查论证后，方可施工。

22.2 跨越带电线路架线搭设跨越架，必须验算新建线路在跨越架搭设处风偏距离；搭设跨越架时严禁在架体内侧攀登，严禁搭设过程中监护人缺位。

22.3 跨越架的拉线、地锚必须经过计算校核，跨越架必须经验收合格后方可投入使用，跨越架强度必须能够承受牵张过程中断线的冲击力。

22.4 跨越架（防护网）搭设至拆除全过程必须设专人看护，严禁人为破坏。

22.5 设备运行单位必须将带电线路"退出重合闸"后，方可开展跨越不停电电力线路施工。

22.6 穿越带电线路展放导引绳、牵引绳及导线，必须设压线滑车，严禁二道保护缺位。

22.7 跨越带电线路牵引导线，必须验算牵引绳、走板、导线对封顶网安全距离，必须验算封顶网在事故状态下对被跨带电线路安全距离，严禁放线过程中随意调整张力，严禁突然加大或减缓牵引速度造成导线跳动。

22.8 跨越带电线路紧线时，所在耐张段两端耐张塔导线开断后必须完成压接，严禁开断后临锚过夜。

22.9 在进行跨越档两端铁塔的附件安装时，必须采取二道防护措施，锚线必须采取防止跑线措施。

22.10 跨越不停电电力线路施工期间，施工人员严禁在跨越架内侧攀登或作业，严禁从封顶架上通过。

22.11 停电、送电工作必须指定专人负责，严禁采用口头或约时停电、送电；在未接到停电许可工作命令前，严禁任何人接近带电体。

22.12 跨越档附件未安装完毕前，严禁拆除跨越架（防护网）。严禁将跨越架整体推倒拆除。

22.13 跨越停电线路工作间断或过夜时，严禁拆除作业段内的工作接地线；施工结束后，严禁未经现场施工负责人检查即拆除停电线路上的工作接地线。

22.14 跨越江河施工，严禁未配备救生设备乘坐船舶或水上作业。

23 防止输电线路工程索道运输作业事故

23.1 索道架设严禁跨越居民区、工厂、铁路、航道、等级公路、高压电力线路等重要公共设施。

23.2 自制部件、装置必须经检验、试验且合格后方可投入使用。

23.3 严禁直接将工作索从绳盘上解圈展放。

23.4 索道架设后，必须在牵引设备、金属支撑架处安装可靠的临时接地装置。

23.5 货运索道禁止超载使用，严禁载人。

23.6 索道下方、受力内侧严禁站人。

23.7 索道运行时，必须保证通信畅通，对于任一监护点发出的停机指令，必须立即停机，待查明原因且处理完毕后方可继续运行。

23.8 钢丝绳出现故障必须停机处理，排除高空故障必须有严格的安全措施。

23.9　长期停运的索道重新启用前，必须经调试、检查且试运行合格后方可投入使用。

23.10　索道拆除时，严禁带张力直接剪断承力钢索。

24　防止临近带电体作业事故

24.1　在与带电设备不满足安全距离、未采取停电措施、未落实绝缘隔离防护措施的情况下,严禁开展施工作业。

24.2　严禁使用不符合规定的导线做接地线或短路线。

24.3　无论高压设备是否带电,严禁作业人员移开或越过遮栏进行作业。

24.4　对停电设备验明无电压后,必须立即进行短路接地。凡可能送电至停电设备的各部位必须装设接地线或合上专用接地开关。在靠近电源进线处母线上装设接地线后,方可在停电母线上工作。

24.5　电缆及电容器接地前必须逐相充分放电,星形接线电容器的中性点必须接地,串联电容器及与整组电容器脱离的电容器必须逐个多次放电,装在绝缘支架上的电容器外壳必须放电。

24.6　严禁在未采取防止静电感应、电击措施的情况下,传递临时试验线或其他导线及拆装接头;进行高压验电必须使用合格的、符合电压等级的验电设备，穿戴与带电设备电压等级相匹配的绝缘手套、绝缘鞋。

24.7 高压开关柜内手车开关拉出后，隔离带电部位的挡板封闭后禁止开启，打开开关柜柜门前必须核对设备名称、编号；严禁检修人员擅自改变设备状态。

24.8 未明确开关柜内母线布置方式及设备状态前，严禁开启母线桥小室盖板。严禁检修人员脱离工作负责人、专责监护人的监护范围开展作业。

24.9 在带电体附近搬运工器具及材料时，必须与带电体保持足够的安全距离。

24.10 带电体附近使用的高处作业平台、起重机械、挖掘机等机械设备必须控制平台、起重臂、挖斗的角度及长度，并可靠接地，设专人监护；在行驶中严禁打开操作平台、起重臂、挖斗等。

24.11 临近带电体组立杆塔，靠近带电体一侧使用的控制绳必须采用绝缘绳。

24.12 在带电体附近组立杆塔时，铁塔塔腿吊装完成后必须立即将临时接地引下线与接地网进行可靠连接。

24.13 在带电体附近使用施工机具、工器具，金属外壳必须可靠接地。

24.14 架线施工时，跨越带电线路档的两端必须安装接地滑车并可靠接地。

25　防止陆上风电机组设备场内运输及施工事故

25.1　防止风电机组设备场内运输事故

25.1.1　风电场内不满足运输条件的路桥改造、加固、验收前，运输道路的边坡塌方、边坡挡墙支护不牢等安全隐患未消除前，禁止运输风电机组设备。

25.1.2　未确认运输车辆制动系统安全可靠前，禁止运输风电机组设备。

25.1.3　当使用装载机作为风电机组设备运输车辆的辅助牵引时，必须设专人统一指挥，并确保牵引钢丝绳、挂钩或插销等安全可靠，且牵引钢丝绳周边严禁人员通过和逗留。

25.1.4　风电场内各主要路口及危险路段内必须设置相应的交通安全标识和防护设施。

25.1.5　恶劣天气和照明不足情况下，或恶劣天气后未对运输道路进行隐患排查的，禁止运输风电机组设备。

25.2　防止风电机组设备吊装事故

25.2.1　吊装专项施工方案未严格按要求编审批，未进行安全技术交底的，禁止作业。

25.2.2　设备与起重机吊臂之间的安全距离必须大于500mm。

25.2.3　禁止使用超过安全使用周期的风电机组设备专用吊带，且每次使用前都必须检查合格后方可使用。

25.2.4　超过四级风（5.5～7.9m/s）时，禁止吊装叶片和叶轮；超过五级风（8.0～10.7m/s）时，禁止吊装塔架和机舱。

25.2.5　雷雨季节，风电机组设备主起重机体外壳必须接地且接地电阻值不大于4Ω；叶片吊装就位后，必须及时连接避雷引下线并确保与机舱、塔架避雷引下线、接地网可靠连接。

25.2.6　风电机组设备主起重机地基承载力和地面平整度必须满足专项施工方案要求。

25.2.7　风电机组设备主起重机采用履带起重机铺设路基箱时履带纵向中心线必须与路基箱中心线保持重叠，禁止履带纵向边沿处于路基箱接缝处。

25.2.8　风电机组设备主起重机采用全地面起重机时，行驶地面的承载力必须大于起重机的接地比压和轴荷载，使用支腿作业时，所有轮胎必须离地，整机保持水平状态，回转支承安装平面的倾斜度不大于 1%。

25.2.9 设备吊装工作完成后，必须按照厂家说明书及时将叶片桨距角调节至抗涡激模式，叶片处于顺桨状态，叶轮转子处于机械锁定状态，直至空运转测试开始。

26 防止海上风电施工事故

26.1 防止风电机组设备场内运输事故

26.1.1 海上风电机组设备运输前应安排技术人员现场踏勘航线、了解现场作业环境，参与运输方案的制定。运输方案必须经专家评审通过后方可实施。

26.1.2 船舶必须经安全检查验收合格后方可入场，并向监理单位等相关方报验，取得总承包单位和监理单位等相关方签字确认的入场许可手续。船机锚泊系统应满足现场施工安全需要。

26.1.3 船舶起锚和抛锚作业时必须做好海缆保护措施。作业前，应通过安全技术交底的形式，书面将海缆路由坐标告知各施工船舶，并要求施工船舶在进行抛锚作业的时候，抛锚位置应远离海缆。

26.2 防止海上起重吊装事故

26.2.1 海上吊装专项施工方案未严格按要求编审批，

未进行安全技术交底的，禁止作业。

26.2.2　海上风电施工人员作业时必须按有关规定采取穿戴救生衣等防护措施。

26.2.3　海上风力发电机组打桩、吊装作业时，应着重防范溜桩、穿刺等导致船舶、海上设施或平台失稳的情况。作业前应对施工场区地勘资料进行分析，并做好扫海和平台站位选择。

26.2.4　严格按照操作手册做好桩腿插桩、保压等技术操作，施工过程派专人观察桩腿压力变化，同时还应制定专项应急预案。

26.2.5　起重船的纵倾应满足起重机的安全作业要求，横倾任何情况均不应超过5°。前、后锚机的锚缆（链）受力均匀。调载系统及备用调载泵的状态和能力正常。

26.2.6　海上风力发电机组吊装应注意叶轮组对工装（俗称"象腿"工装）的检查和验收，确保"象腿"焊接质量；叶轮吊装时要做好"溜尾"过程的配合，起吊前应关注气象信息（台风、大风、洋流、浓雾、暴雨等）等影响，起吊时注意风速变化和现场缆风绳的设置。

26.2.7　设备吊装工作完成后，必须按照厂家说明书及时将叶片桨距角调节至抗涡激模式，叶片处于顺桨状态，叶轮转子处于机械锁定状态，直至空运转测试开始。

26.3 防止风电机组设备安装事故

26.3.1 施工人员必须与塔筒、机舱和叶轮保持安全距离，应站在潜在的坠落区域以外。上部塔筒和机舱安装时，施工人员只允许在下段塔筒内部，并且位于法兰水平高度以下部位，直到塔筒或机舱就位。

26.3.2 在轮毂内工作期间，必须锁定变桨机构。

26.3.3 叶片就位时，不得将身体伸出轮毂。叶片变桨时，作业人员应与其保持安全距离。

26.3.4 舷外摘挂钩时，要有防坠措施。

26.3.5 禁止在朝下的叶片上去除人孔盖，防止人员和工器具等坠落到叶片内部。

26.3.6 在机舱内工作期间，必须锁定齿轮箱高速轴；必须将安全带系挂在机舱锚固点上，防止高处坠落。

27 防止泥石流、滑坡、崩塌事故

27.1 工程建设场地必须在项目可行性研究阶段进行地质灾害危险性评估工作后，方可开展下阶段工作。

27.2 评估工作结束后两年，工程建设仍未进行，必须重新进行地质灾害危险性评估工作。

27.3 评估工作结束后，评估区地质环境条件发生重大变化或工程建设方案有较大变化时，必须重新进行地质灾害危险性评估工作。

27.4 评估工作必须对评估区内分布的各类地质灾害体的危险性和危害程度，逐一进行现状评估，对工程建设可能引发或加剧的以及本身可能遭受的各类地质灾害的可能性、危害程度分别进行预测评估。

27.5 生产区域、生活营地严禁选址在泥石流、滑坡、崩塌等地质灾害易发区域。如生产区域、生活营地选址在项目可研阶段地质灾害危险性评估范围之外的，必须对选址区域进行地质灾害危险性评估工作。

27.6 开工前必须做好设计交底工作，包括安全交底和环保交底。

27.7 施工期产生的开挖料和弃渣应按施工总平面布置要求运到指定暂存场和渣场，严禁随意堆放和丢弃。

27.8 泥石流、滑坡、崩塌等地质灾害易发区，建设单位必须在汛前、汛后、持续降雨后和特殊工况（如地震、台风、北方冻前和冻后等）下组织进行地质灾害隐患排查。

28 防止水电工程压力管道安装事故

28.1 钢管现场存放必须垫稳并采取防倾倒、滚动及变形的措施。

28.2 钢管运输时，人员严禁靠近受力的钢丝绳和滑车，严禁进入破断可能回弹的区域，严禁在可能倾翻的下侧停留。

28.3 钢管洞内卸车和运输牵引的主地锚钩采用预埋锚杆固定的，正式投入使用前，应进行载荷试验，以验证其承载能力。竖井或斜井内运输钢管时，所有人员严禁进入钢管下部。

28.4 钢管吊运时，应计算出其重心位置，确认吊点位置。翻转时应先放好旧轮胎或木板等垫物，工作人员应站在重物倾斜方向的对面。翻转时应采取措施防止冲击。

28.5 钢管调整与组装使用的千斤顶及压力架等应牢固可靠，应有防坠落、防倾倒等措施。钢管吊装对缝时，严禁将身体伸入或扒在管口上。钢管上临时焊接的脚踏板、挡板、压码、支撑架、扶手、栏杆、吊耳等，焊后应检查，确认符合要求后方可使用。

28.6 用于支撑拆除的自制台车和作业平台，必须经过专门设计计算，并经检查、空车试验合格后方可使用；在使用过程中必须经常检查其可靠性和稳定性。

28.7 压力钢管安装所使用的起重工具，如手拉葫芦、滑车、卡具、钢丝绳等，必须经检查合格，且安全系数符合规定。

29 防止竖（斜）井载人
提升机械安装和使用事故

29.1 竖（斜）井上下人员的专用提升设施，未经设计并验收合格的，严禁使用。竖（斜）井载人罐笼使用前必须对防坠器进行动作试验。

29.2 竖（斜）井载人提升设备基础承载力必须满足设备说明书的要求。提升设备必须设置过卷装置、过速装置、过负荷和欠电压保护装置、联络装置、速度限制器、防止闸瓦过度磨损时的报警和自动断电的保护装置、防坠器、缓冲绳等安全设施，并定期检修保证其安全可靠。

29.3 升降人员前，必须经过空车试运，并对钢丝绳、安全设施进行检查，严禁超载运行。井口接罐地点必须设置牢固的活动栅门，由专人负责启闭。接罐人员必须佩戴安全带，上下井的人员必须服从接罐人员的指挥。通向井口的轨道应设阻车器，阻车器的阻爪严禁在阻车时自行打开。

29.4 检修井筒或处理事故的人员，如需站在罐笼或箕斗顶上工作时，必须装设保护伞和栏杆，作业人员必须佩戴安全带；提升容器的速度严禁大于 0.15m/s。

29.5 竖井载人提升机必须配备应急备用电源，作业人员必须配备应急通信设备。

30 防止地下工程开挖作业事故

30.1 严禁在超前地质预报和安全监测措施不到位的情况下进行地下工程开挖。

30.2 每循环开挖时初期支护必须及时跟进，严禁在初期支护未跟进或跟进未完成的情况下进行下循环开挖钻爆作业。

30.3 洞深超过 5 倍洞径时必须采取机械通风，并进行气体检测。

30.4 TBM、盾构施工人员必须经过培训，并熟识设备各项信号，未经专项培训和允许，严禁操作或调试设备。

30.5 有轨运输出渣洞室，要加强轨道路基养护。牵引设备牵引能力必须满足隧道最大纵坡和运输重量要求，运输不得超载。纵坡大于 2.5% 的隧道，牵引设备在停靠时必须设置前后限位器及防撞设施。

30.6 TBM、盾构机刀具检查和更换，需选择地质条件好、地层稳定的地段，并关闭相关工作系统。开仓换刀时，严禁仓外人员进行转动刀盘、出渣和泥浆循环等危及仓内人员的操作。

30.7　TBM、盾构施工进、出洞必须制定地层稳定加固和降水措施，对沿途受影响范围的道路、建筑物等必须进行监测，并结合反馈的监控数据及时调整掘进方式。

30.8　TBM、盾构机掘进中必须严格按照掘进参数和地质状况动态控制土仓或泥水仓内外压力平衡和排放量。掘进过程中，必须采取防止螺旋输送机发生喷涌的措施。

30.9　严禁洞口边坡不稳定时进洞开挖。

30.10　大断面洞室全断面开挖或扩挖必须自上而下分层进行，下层开挖需在上层开挖支护完成且监测围岩变形稳定后进行。

30.11　地下多洞室同时施工的工程，必须结合开挖支护的进度，建立有效的沟通联络，控制相互间的距离，保证施工安全。

30.12　竖井和斜井施工系统锚喷支护须紧跟开挖工作面及时施工，施工中需加强安全检查，发现变形、裂缝和掉块时，须立即停止施工，撤离作业人员。

30.13　竖井和斜井施工必须做好洞口防护，导井口除溜渣外必须封闭，严禁上下同时作业，扒渣作业人员要系好安全带防止坠落导井。

30.14　岩爆易发生洞段必须建立岩爆监测、预报和分析系统，制定相应应对措施。施工时选派有经验作业人员，密切观察岩石表面剥落和监听岩石内部声响。岩爆发生时必须立即停机避让，等岩爆强度基本平静下来再进行处理。

30.15 隧道内空气温度不得超过 30℃，平均气温超过28℃时，必须根据不同部位温度程度，采取措施降低温度后再施工。

30.16 有涌水突泥风险的洞室，必须采取措施防止发生涌水突泥对洞室结构产生破坏。同时要注意涌水的含泥量，防止排水管被堵排水不畅。对涌水突泥量较大的洞室，必须结合突泥进行整治。

30.17 有涌水突泥风险的洞室，必须加强围岩变形和地下水监测，制定相应的应急预案。

30.18 瓦斯洞段必须配置专业瓦斯检测人员和仪器，加强对易积瓦斯部位、不良地质地段、机电设备及开关附近，以及爆破作业前后的瓦斯检测。对浓度超限的必须严格按照安全要求处理。

30.19 瓦斯隧道必须持续通风，停工时必须做好瓦斯隧道的封闭，停工期间不能停止通风。复工前必须进行瓦斯检测及相关通风系统设备检查，安全符合要求后再复工。

附录 引用法律法规和标准规范目录

一、法律法规

中华人民共和国主席令第 4 号（2013 年）中华人民共和国特种设备安全法

中华人民共和国主席令第 24 号（2018 年）中华人民共和国职业病防治法

中华人民共和国主席令第 79 号（2021 年）中华人民共和国海上交通安全法

中华人民共和国主席令第 81 号（2021 年）中华人民共和国消防法

中华人民共和国主席令第 88 号（2021 年）中华人民共和国安全生产法

国务院令第 393 号（2003 年）建设工程安全管理条例

国务院令第 394 号（2003 年）地质灾害防治条例

国务院令第 549 号（2009 年）特种设备安全监察条例

国务院令第 591 号（2013 年）危险化学品安全管理条例

二、行政规章及规范性文件

安委办〔2008〕26 号　国务院安委会办公室关于进一步加强危险化学品安全生产工作的指导意见

发改委令第 28 号（2015 年）　电力建设工程施工安全监督管理办法

国能安全〔2014〕161 号　防止电力生产事故的二十五项重点要求

国能综通安全〔2022〕42 号　国家能源局综合司关于进一步加强电力行业地质和地震灾害防范应对工作的通知

国家安全生产监督管里总局令第 80 号（2015 年）　工贸企业有限空间作业安全管理与监督暂行规定

国家安全生产监督管理总局令第 80 号（2015 年）　特种作业人员安全技术培训考核管理规定

安监总厅管四〔2015〕56 号　国家安全监管总局办公厅关于吸取事故教训加强工贸企业有限空间作业安全监管的通知

安监总厅安健〔2018〕3 号　用人单位劳动防护用品管理规范

国家质量监督检验检疫总局令第 140 号（2011 年）　特种设备作业人员监督管理办法

2014 年第 114 号　质检总局关于修订《特种设备目录》的公告

市监特设发〔2021〕16 号　市场监管总局办公厅关于开展起重机械隐患排查治理工作的通知

2021 年第 41 号　市场监管总局关于特种设备行政许可有关事项的公告

交通运输部令第 43 号（2018 年）中华人民共和国船舶最低安全配员规则

交通运输部令第 2 号（2019 年）中华人民共和国水上水下活动通航安全管理规定

住房和城乡建设部令第 45 号（2018 年）建筑业企业资质管理规定

建质〔2003〕186 号　建设部关于预防施工工棚倒塌事故的通知

建质〔2008〕75 号　建筑施工特种作业人员管理规定

建质〔2009〕124 号　全国民用建筑工程设计技术措施（2009 年版）

公安部 2017 年版　易制爆危险化学品名录

三、安全技术规范

TSG 07　特种设备生产和充装单位许可规则

TSG 08　特种设备使用管理规则

TSG 81　场（厂）内专用机动车辆安全技术规程

TSG Q7015　起重机械定期检验规则

TSG Q7016　起重机械安装改造重大修理监督检验规则

TSG Z6001　特种设备作业人员考核规则

四、国家标准

GB 2894　安全标志及其使用导则

GB 4387　工业企业厂内铁路、道路运输安全规程

GB 6095　坠落防护 安全带

GB 5144　塔式起重机安全规程

GB 6722　爆破安全规程

GB 6441　企业职工伤亡事故分类标准

GB 8958　缺氧危险作业安全规程

GB 10827　机动工业车辆安全规范

GB 12141　货运架空索道安全规范

GB 12268　危险货物品名表

GB 13955　剩余电流动作保护装置安装和运行

GB 26859　电力安全工作规程 电力线路部分

GB 26860　电力安全工作规程 发电厂和变电站电气部分

GB 26861　电力安全工作规程 高压试验室部分

GB 50010　混凝土结构设计规范

GB 50016　建筑设计防火规范

GB 50017　钢结构设计规范

GB 50127　架空索道工程技术标准

GB 50148　电气装置安装工程电力变压器、油浸电抗器、互感器施工及验收规范

GB 50169　电气装置安装工程接地装置施工及验收规范

GB 50194　建设工程施工现场供用电安全规范

GB 50202　建筑地基基础工程施工质量验收标准

GB 50446　盾构法隧道施工及验收规范

GB 50497　建筑基坑工程监测技术标准

GB 50545　110kV～750kV 架空输电线路设计规范

GB 50573　双曲线冷却塔施工与质量验收规范

GB 50720　建设工程施工现场消防安全技术规范

GB 50794　光伏发电站施工规范

GB 51210　建筑施工脚手架安全技术统一标准

GB 55023　施工脚手架通用规范

GB/T 1955　建筑卷扬机

GB/T 3608　高处作业分级

GB/T 3805　特低电压（ELV）限值

GB/T 4303　船用救生衣

GB/T 4968　火灾分类

GB/T 5031　塔式起重机

GB/T 5973　钢丝绳用楔形接头

GB/T 5976　钢丝绳夹

GB/T 6067.1　起重机械安全规程　第1部分：总则

GB/T 11651　个体防护装备选用规范

GB/T 14405　通用桥式起重机

GB/T 14560　履带起重机

GB/T 16927.1　高电压试验技术　第1部分：一般定义及试验要求

GB/T 20776　起重机械分类

GB/T 23723.1　起重机　安全使用　第1部分：总则

GB/T 26471　塔式起重机　安装与拆卸规则

GB/T 26557　吊笼有垂直导向的人货两用施工升降机

GB/T 27996　全地面起重机

GB/T 28756　缆索起重机

GB/T 31052.1　起重机械　检查与维护规程　第1部分：总则

GB/T 34023　施工升降机安全使用规程

GB/T 37898　风力发电机组　吊装安全技术规程

GB/T 40112　地质灾害危险性评估规范

GB/T 50113　滑动模板工程技术标准

GB/T 50571　海上风力发电工程施工规范

GB/T 51121　风力发电工程施工与验收规范

五、电力及相关行业标准

AQ 7015　氨制冷企业安全规范

CJJ 217　盾构法开仓及气压作业技术标准

CJJ/T 275　市政工程施工安全检查标准

DB41 866　液氨使用与储存安全技术规范

DL 5009.1　电力建设安全工作规程　第 1 部分：火力发电

DL 5009.2　电力建设安全工作规程　第 2 部分：电力线路

DL 5009.3　电力建设安全工作规程　第 3 部分：变电站

DL 5027　电力设备典型消防规程

DL 5162　水电水利工程施工安全防护设施技术规范

DL/T 796　风力发电场安全规程

DL/T 875　架空输电线路施工机具基本技术要求

DL/T 879　便携式接地和接地短路装置

DL/T 1071　电力大件运输规范

DL/T 1236　输电杆塔用地脚螺栓与螺母

DL/T 1269　火力发电建设工程机组蒸汽吹管导则

DL/T 5054　火力发电厂汽水管道设计规范

DL/T 5099　水工建筑物地下工程开挖施工技术规范

DL/T 5110　水电水利工程模板施工规范

DL/T 5248　履带起重机安全规程

DL/T 5250　汽车起重机安全规程

DL/T 5266　水电水利工程缆索起重机安全操作规程

DL/T 5342　110kV～750kV 架空输电线路铁塔组立施工工艺导则

DL/T 5343　110kV～750kV 架空输电线路张力架线施工工艺导则

DL/T 5370　水电水利工程施工通用安全技术规程

DL/T 5371　水电水利工程土建施工安全技术规程

DL/T 5372　水电水利工程金属结构与机电设备安装安全技术规程

DL/T 5373　水电水利工程施工作业人员安全操作规程

DL/T 5494　电力工程场地地震安全性评价规程

DL/T 5792　架空输电线路货运索道运输施工工艺导则

DZ/T 0296　地质灾害危险性评估规范

GBZ 2.1　工作场所有害因素职业接触限值　第 1 部分：化学有害因素

JB/T 7334　手拉葫芦

JB/T 8521.1　编织吊索　安全性　第 1 部分：一般用途合成纤维扁平吊装带

JB/T 8521.2　编织吊索　安全性　第 2 部分：一般用途合成纤维圆形吊装带

JB/T 11699　高处作业吊篮安装、拆卸、使用技术规程

JGJ 33　建筑机械使用安全技术规程

JGJ 46　　施工现场临时用电安全技术规范

JGJ 59　　建筑施工安全检查标准

JGJ 65　　液压滑动模板施工安全技术规程

JGJ 80　　建筑施工高处作业安全技术规范

JGJ 82　　钢结构高强度螺栓连接技术规程

JGJ 88　　龙门架及井架物料提升机安全技术规范

JGJ 120　　建筑基坑支护技术规程

JGJ 125　　建筑施工升降机安装、使用、拆卸安全技术规程

JGJ 130　　建筑施工扣件式钢管脚手架安全技术规范

JGJ 147　　建筑拆除工程安全技术规范

JGJ 160　　施工现场机械设备检查技术规范

JGJ 162　　建筑施工模板安全技术规范

JGJ 166　　建筑施工碗扣式钢管脚手架安全技术规范

JGJ 180　　建筑施工土石方工程安全技术规范

JGJ 196　　建筑施工塔式起重机安装、使用、拆卸安全技术规程

JGJ 202　　建筑施工工具式脚手架安全技术规范

JGJ 311　　建筑深基坑工程施工安全技术规范

JGJ/T 74　　建筑工程大模板技术标准

JGJ/T 188　　施工现场临时建筑物技术规范

JGJ/T 195　　液压爬升模板工程技术标准

JGJ/T 231　　建筑施工承插型盘扣式钢管脚手架安全技术标准

JGJ/T 429　　建筑施工易发事故防治安全标准

JT/T 278　　船舶起重机安全技术操作规程

JTG/F 90　　公路工程施工安全技术规范

JTG/T 3660　公路隧道施工技术规范

NB/T 10087　陆上风电场工程施工安装技术规程

NB/T 10096　电力建设工程施工安全管理导则

NB/T 10393　海上风电场工程施工安全技术规范

NB/T 10208　陆上风电场工程施工安全技术规范

SL 721　水利水电工程施工安全管理导则

六、团体标准和企业标准

T/CEC 210　火电工程大型起重机械安全管理导则

T/CEC 5023　电力建设工程起重施工技术规范

编 制 说 明

　　为切实做好电力建设工程施工安全监管工作,有效防范电力建设工程施工安全事故,国家能源局组织电力行业有关单位、协会及部分专家,根据近十五年来电力建设施工领域各类事故的案例分析及经验教训,结合已颁布的标准规范,提炼出在电力建设施工中需要重点关注的一些措施和要求,形成了《防止电力建设工程施工安全事故三十项重点要求》(参照行业习惯称谓,以下简称《施工反措》)。现将编制工作有关情况说明如下。

一、编制背景

　　电力建设施工领域既涉及常规的建筑行业相关的土木建设工程施工等内容,又有专业性极强的电力设备安装、调试等内容。在现行的电力建设施工安全管理工作中,土木施工部分遵循和参考的主要是住房和城乡建设部门制定的一些规章、制度、标准和规程,总体看,存在系统性、专业性、针对性不强以及重点不突出等问题;电力工程设备安装和调试部分主要遵循以行业或者企业标准形式发布的规程、规定、标准等,也存在种类繁多、重点不突出、强制性不足、适用范围不广等问题。

在当前电力建设施工领域工程承包模式多样化（工程总承包、施工总承包等），国有、民营等体制并存，低价中标，盲目缩减工期，以及施工产业工人综合素质普遍下滑等大背景下，再加上新业态、新业务的出现，现有种类繁多的制度标准规范已不能完全满足企业安全生产管理、现场作业安全管控，以及各级能源管理（监管）部门有效开展安全监管工作的实际需求。

在电力生产领域，《防止电力生产事故的二十五项重点要求》（行业内简称为《二十五项反措》）已颁布实施多年，并经过多次滚动修订，对于防范电力生产事故起到了关键性的作用，也得到了电力行业广大从业人员的高度认可；而在电力建设施工领域，尚无相应的文件，因此参照《二十五项反措》的成功经验，国家能源局组织中国电力建设企业协会（以下简称中电建协）、有关电力企业和行业内权威专家，以"控风险、除隐患"为主线，在认真分析研究近十五年来电力建设工程施工安全事故的直接原因、提炼反事故实践经验的基础上，结合现行标准、规范，编制形成了《施工反措》。

《施工反措》既坚持内容的合规性和适用性，同时保证有较强的针对性、可操作性，有利于推动电力建设工程安全管理水平提升，促进企业班组安全管理活动的开展，规范从业人员作业行为，达到防范化解风险、及时消除安全隐患、有效遏制电力建设工程施工安全事故的目的。

二、编制过程

1. 2020 年 6 月～2021 年 7 月，受国家能源局委托，中电建协组织专家成立编写组，多次召开编制工作会议和讨论会，在初稿的基础上，采用会议和书面征求意见的方式，在行业内相关企业征求意见并修改完善，形成《施工反措》评审稿。

2. 2021 年 7 月 27 日，中电建协组织召开课题结题审查会，通过了评审专家组的结题评审；通过评审后，按程序将课题研究成果报国家能源局安全司。

3. 2021 年 8～10 月，国家能源局安全司组织部分企业的专家对《施工反措》评审稿做了进一步修改完善，形成《施工反措》征求意见稿。

4. 2021 年 11 月，国家能源局安全司书面征求了各省级能源主管部门、派出机构、全国电力安委会企业成员单位的意见。

5. 2021 年 12 月～2022 年 5 月，根据反馈意见，国家能源局安全司多次组织专家研究讨论并做相应修改完善后，形成《施工反措》送审稿。

6. 2022 年 6 月，《施工反措》（国能发安全〔2022〕55 号）正式发布。

三、《施工反措》的结构和主要内容

《施工反措》共分为 30 个部分，其中第 1 部分为"总体要求"，第 2～12 部分针对电力建设施工中发生率较高的事故类型（如高处坠落、坍塌、触电、起重伤害、物体打击等），第 13～30 部分针对电力建设施工中容易发生事故的作业环节（如有限空间作业、管道吹扫、烟囱/冷却塔筒壁施工、锅炉/汽机大件设备吊装等），提出了需要重点关注的一些管理措施和技术要求。各部分的具体说明如下。

第 1 部分"总体要求",重点提出了关于企业资质、危大工程、生产管理协议、作业人员持证上岗等需要重点注意的管理性要求。

第 2 部分"防止高处坠落事故",针对电力建设高处坠落事故的原因,从防止脚手架高处坠落、防止模板施工高处坠落、防止钢筋及混凝土施工高处坠落、防止安装作业高处坠落、防止高处作业吊篮坠落等方面提出了具体防护措施和重点注意事项。

第 3 部分"防止坍塌坠落事故",针对电力建设坍塌事故的原因,从防止基坑坍塌、防止边坡坍塌、防止脚手架坍塌、防止模板坍塌、防止操作平台坍塌、防止临时建筑坍塌、防止拆除工程坍塌等方面提出了具体防护措施和重点注意事项。

第 4 部分"防止起重伤害事故",针对电力建设起重伤害事故的原因,从防止流动式起重机伤害,防止桥式、门式、门座起重机起重伤害,防止塔式起重机起重伤害,防止施工升降机、物料提升机起重伤害,防止液压提升装置起重伤害,防止缆索起重机起重伤害,防止其他起重机械起重伤害等方面提出了具体防护措施和重点注意事项。

第 5 部分"防止触电事故",针对电力建设触电伤害事故的原因,从防止高压触电伤害和防止低压触电伤害两个方面提出了具体防护措施和重点注意事项。

第 6 部分"防止物体打击事故",针对电力建设物体打击事故的原因,从作业人员管理、小型工器具物料管理、交叉作业、安全防护等方面提出了具体防护措施和重点注意事项。

第 7 部分"防止机械伤害事故",针对电力建设机械伤害事故的原因,从机械的检修调整、机械的安全保护装置和一些危险性较大的机械（如喷浆机、钢筋切断机、射钉枪）使用要求等方面提出了具体防护措施和重点注意事项。

第8部分"防止火灾事故"，针对电力建设火灾事故的原因，从防止电线、电缆火灾，防止汽机油系统火灾，防止燃油罐区火灾，防止制粉系统火灾，防止输煤皮带火灾，防止脱硫吸收塔火灾，防止焊接、切割、热处理火灾，防止变压器火灾等方面提出了具体防护措施和重点注意事项。

第9部分"防止放炮（爆破）事故"，针对电力建设放炮（爆破）事故的原因，从爆破作业场所、作业环境、民爆物品现场存放、爆破警戒、起爆检查、盲炮处理等方面提出了具体防护措施和重点注意事项。

第10部分"防止场内车辆伤害事故"，针对电力建设施工现场场内车辆伤害事故的原因，从驾驶员管理、作业指挥和监护、管理要求和作业环境等方面提出了具体防护措施和重点注意事项。

第11部分"防止淹溺事故"，根据电力建设淹溺事故的原因，针对水上作业、临水作业、基坑和隧道低位作业等作业场景提出了具体防护措施和重点注意事项。

第12部分"防止灼烫事故"，根据电力建设灼烫事故的原因，针对接触高温热源或带有腐蚀性的危险化学品等作业场景提出了具体防护措施和重点注意事项。

第13部分"防止有限空间作业中毒和窒息事故"，根据电力建设有限空间作业中发生的中毒和窒息事故案例和主要风险点，提出了在有限空间作业前、作业中、作业后及应急救援等环节中的具体防护措施和重点注意事项。

第 14 部分"防止管道吹扫事故",根据电力建设管道吹扫作业中发生的事故案例和主要风险点,从临时管道的设计、焊口检测、验收,以及吹管作业中防止高温高压蒸汽泄露造成人员灼烫、压力管道和容器爆炸等方面提出了具体防护措施和重点注意事项。

第 15 部分"防止烟囱、冷却塔筒壁施工事故",根据电力建设烟囱、冷却塔筒壁施工作业中发生的事故案例和主要风险点,从危险区域、安全通道设置和材料堆放,施工平台、操作架荷载设计及分布,规范高处作业行为及防护设施的配置,拆模时混凝土的强度要求,交叉作业要求等方面提出了具体防护措施和重点注意事项。

第 16 部分"防止锅炉、汽机大件设备吊装事故",根据电力建设锅炉、汽机大件设备吊装作业中发生的事故案例和主要风险点,从防止发电机定子吊装事故、防止锅炉受热面吊装事故、防止除氧器吊装事故、防止锅炉板梁吊装事故和防止锅炉汽包吊装事故等方面提出了具体防护措施和重点注意事项。

第 17 部分"防止太阳能热发电施工事故",根据电力建设太阳能热发电施工作业中发生的事故案例和主要风险点,提出了集热器、定日镜、导热油等施工作业中的具体防护措施和重点注意事项。

第 18 部分"防止液氨储罐泄漏、中毒、爆炸事故",根据电力建设液氨存储过程中发生的储罐泄漏、中毒、爆炸事故案例和主要风险点,从储罐设计、安装单位资质和液氨运输单位资质、储罐区选址安全、液氨储罐区出入口和设备静电防护、防爆电气的使用、灌区安全监控、检测联动报警系统、灌区自动喷淋降温、储罐及安全附件定期检验检测、卸氨时的安全和进入氨区的安全要求等方面提出了具体防护措施和重点注意事项。

第 19 部分"防止输电线路工程深基坑中毒窒息事故"，根据电力建设输电线路工程深基坑作业中发生的中毒窒息事故案例和主要风险点，从通风检测、作业时长、特殊地质、基础养护等方面提出了具体防护措施和重点注意事项。

第 20 部分"防止输电线路工程倒塔事故"，根据电力建设输电线路工程施工作业中发生的倒塔事故案例和主要风险点，从拉线及地锚受力计算、地脚螺栓与螺母匹配验收、塔材及紧固件检查等方面提出了具体防护措施和重点注意事项。

第 21 部分"防止抱杆倾倒事故"，根据电力建设输电线路工程施工作业中发生的抱杆倾倒事故案例和主要风险点，从主要受力工具校核及检查、抱杆相关各系统布置、抱杆组装及吊装就位等方面提出了具体防护措施和重点注意事项。

第 22 部分"防止输电线路跨（穿）越施工事故"，根据电力建设输电线路工程跨（穿）越施工作业中发生的事故案例和主要风险点，从跨越方案荷载及电气距离验算、方案审查论证、近电作业、后备保护等方面提出了具体防护措施和重点注意事项。

第 23 部分"防止输电线路工程索道运输作业事故"，根据电力建设输电线路工程索道运输作业中发生的事故案例和主要风险点，从输电线路工程索道设计、运行、管理等环节提出了具体防护措施和重点注意事项。

第 24 部分"防止临近带电体作业事故"，根据电力建设临近带电体施工作业中发生的事故案例和主要风险点，从满足安全距离、采取隔离防护措施和停电措施等方面提出了具体防护措施和重点注意事项。

第 25 部分"防止陆上风电机组设备场内运输及施工事故",根据电力建设陆上风电机组设备场内运输及施工作业中发生的事故案例和主要风险点,从道路必须满足运输要求、起重设备防雷接地、路基箱铺设、吊装完成后风机叶片设置等方面提出了具体防护措施和重点注意事项。

第 26 部分"防止海上风电施工事故",根据电力建设海上风电施工作业中发生的事故案例和主要风险点,从防止海上起重吊装事故、防止风电机组设备安装事故等方面提出了具体防护措施和重点注意事项。

第 27 部分"防止泥石流、滑坡、崩塌事故",根据电力建设施工作业中发生的泥石流、滑坡、崩塌事故案例和主要风险点,从地质灾害危险性评估、地质灾害隐患排查治理、开挖料和废渣暂存等方面提出了具体防护措施和重点注意事项。

第 28 部分"防止水电工程压力管道安装事故",根据电力建设水电工程压力管道安装作业中发生的事故案例和主要风险点,对运输、存放、施工安装过程等环节提出了具体防护措施和重点注意事项。

第 29 部分"防止竖(斜)井载人提升机械安装和使用事故",根据电力建设竖(斜)井载人提升机械安装和使用过程中发生的事故案例和主要风险点,对竖(斜)井载人提升机械的设计、安全附件、运行、检修等环节提出了具体防护措施和重点注意事项。

第 30 部分"防止地下工程开挖作业事故",根据电力建设钻爆法、盾构法(TBM)或掘进机开挖地下工程中发生的事故案例和主要风险点,从安全监测、支护跟进和机械通风、确保边坡防护稳定、防止超载和溜车碰撞伤人、针对不良地质的安全防护等方面提出了具体防护措施和重点注意事项。

四、征求意见情况及采纳情况

2021 年 11 月，国家能源局书面向各省级能源主管部门、派出机构和全国电力安委会企业成员单位征求意见，各单位表达了对《施工反措》编制工作的肯定与支持，反馈意见均为技术性或文字性修改意见，经组织专家多次研究讨论后做了相应修改完善。

五、主要参编单位和编审人员

主要参编单位：国家能源局安全司、中国电力建设企业协会、国家电网有限公司、中国南方电网有限责任公司、中国华电集团有限公司、国家电力投资集团有限公司、中国电力建设集团（股份）有限公司、中国能源建设集团有限公司、中国水利水电第十一工程局有限公司、中国电建核电工程有限公司、国网山东省电力公司、中能建建筑集团有限公司、中国电建集团贵州工程有限公司、中国电建集团北京勘测设计研究院有限公司、广东电网能源发展有限公司、国网安徽省电力有限公司、安徽送变电工程有限公司、中国葛洲坝集团三峡建设工程有限公司、山东电力工程咨询院有限公司、贵州送变电有限责任公司、南方电网能源发展研究院有限责任公司

主要编写人员：郭俊峰、程建棠、黑生龙、张海斌、彭开宇、尹东、高方景、田福兴、陈小平、马绪胜、于来广、安杰、

谢蕴强、欧阳旭、张贺龙、张晓斐、娄强、张江波、罗楚楠、张必余、马煜璐、张柯、梁春宇、姚凯敏、刘金良、梁敬宇、史艺超、陈盛、王鹏、韩尧、徐鹏飞、龙先明、毛楠、尹喜光、詹安东、杨臻、吴华楠、耿明科、王军（安徽）、冯小燕、付远强、王涛、张琴、许士茂、崔希波、黄鹏、罗朝恩、袁青、张如凤、吴永、李悦、洪成孝、吴松、李灵国、时琨、赵阳、李强、秦金、朱鑫锋、刘志强、商越。

主要审查人员：苑舜、童光毅、李泽、王思强、李斌、王军（北京）、郝继红、许海铭、易俗、白林杰、段喜民、陈晓宇、高统彪、刘伦权、袁太平、葛泽军、李明、杨彦君、孟蔚、陈渤、张杰、方绍曾、张三奇、王学、周德福、张立刚、邓吉明、张鹏、王昕、郎德彬、陈小群、何冠恒、邱永年。

NB/T 10096—2018

电力建设工程施工安全管理导则

Guidelines for safety management of power construction projects

目　　次

前　　言

本标准按照 GB/T 1.1—2009《标准化工作导则　第 1 部分：标准的结构和编写》给出的规则起草。

本标准由国家能源局电力安全监管司提出并归口。

本标准主要起草单位：中国电力建设企业协会。

本标准参加起草单位：国家电网有限公司、中国南方电网有限责任公司、中国大唐集团有限公司、中国电力建设集团有限公司、中国能源建设集团有限公司、中国华电集团有限公司、国家电力投资集团有限公司、华润电力控股有限公司、内蒙古能源建设投资（集团）有限公司、北京能源集团有限责任公司、中国核电江苏核电有限公司。

本标准主要起草人员：尤京、王光、郭俊峰、陈渤、李连有、高统彪、张振涛、龙先明、方绍曾、王学、张三奇、葛泽军、刘冬根、马宗磊、杨彦君、彭开宇、王铁、肖琪峰、郎德彬、王昕、单志辉、邵青叶、邹怀君、钱方春、唐晓勇、沃仲磊、孙建军、杜学芸、谢贻辉、黄仕鑫、梁中军、陈卫国、谢梅盛。

本标准主要审查人员：童光毅、张扬民、许海铭、徐新风、罗文龙、应希纯、肖海宝、彭飞、杜勇、成岩、方军、张杰、皇甫晶晶、吴至复、李庆林、袁太平、高小林、杨利勇、周伟、陆秋生、李成林、高永祥、徐合献、侯士英、周晓飞、辛华、彭晓军、杨大为、周仕杰、邱永年、孙世杰、李雅辉、王小江、郭哲、陈晓雪、朱玉平。

电力建设工程施工安全管理导则

1 范围

本标准所称的电力建设工程，是指火电、水电、核电（除核岛外）、风电、太阳能发电等发电建设工程和输变电等电网建设工程。

本标准适用于指导电力建设工程新建、扩建、改建、拆除等施工活动的安全管理。供电所、营业厅、办公楼等民用建筑项目的施工安全管理可参照执行。同步核准建设的铁路、交通、水利等其他配套建设工程，应遵守相关专业的国家法律法规和部门规章。

2 规范性引用文件

下列文件对本文件的应用是必不可少的。凡是注日期的引用文件，仅注日期的版本适用于本文件。凡是不注日期的引用文件，其最新版本（包括所有的修改单）适用于本文件。

GB 12523　建筑施工场界环境噪声排放标准

GB 30871　化学品生产单位特殊作业安全规范

GB 50150　电气装置安装工程电气设备交接试验标准

GB 50194　建设工程施工现场供用电安全规范

GB 50352　民用建筑设计通则

GB 50720　建设工程施工现场消防安全技术规范

GB/T 11651　个体防护装备选用规范

（财企〔2012〕16 号） 企业安全生产费用提取和使用管理办法

3 术语和定义

下列术语和定义适用于本文件。

3.1

参建单位 contractors

直接参与工程项目建设并对工程项目承担特定法律责任的单位，主要包括电力建设工程的建设、工程总承包、勘察设计、施工、监理等单位。

本导则中建设、工程总承包、勘察设计、施工、监理单位是指企业派驻现场的项目部。

工程总承包是指按照工程总承包合同约定，对工程项目的勘察、设计、采购、施工、试运（竣工验收）等全过程或若干阶段的承包。

3.2

安全生产目标管理 safety production target management

在分析外部环境和内部条件的基础上，确定安全生产所要达到的目标，并采取措施去努力实现目标的活动过程。

3.3

安全生产责任制 system of responsibility in safe production

按照"安全第一，预防为主，综合治理"的方针，依据安全生产法律法规建立的各级领导、各职能部门、各岗位人员在劳动生产过程中对安全生产负责的制度。

安全生产责任制应明确各岗位人员的责任、范围和考核标准等内容。

3.4

安全设施与职业病防护设施"三同时" **safety facilities and occupational-disease-prevention facilities at the same time**

建设工程安全设施和职业病防护设施必须与主体工程同时设计、同时施工、同时投入生产和使用。

3.5

安全生产费用 **safe production cost**

按照规定标准提取，在项目建设成本中列支，专门用于完善和改进建设工程安全生产条件的资金。

3.6

危险性较大的分部分项工程 **dangerous sub-projects**

建设工程在施工过程中存在的、可能导致作业人员群死群伤或造成重大经济损失的分部分项工程。

3.7

安全专项施工方案 **special scheme of safety of construction project**

施工单位在编制施工组织设计的基础上，针对复杂自然条件、复杂结构、技术难度大以及危险性较大的分部分项工程编制的安全技术措施文件。

3.8

有限空间 **confined spaces**

封闭或者部分封闭，与外界相对隔离，出入口较为狭窄，自然通风不良，易造成有毒有害、易燃易爆物质积聚或者氧含量不足的设施、设备及场所。

3.9

危险物品　dangerous goods

易燃易爆物品、危险化学品、放射性物品等能够危及人身安全和财产安全的物品。

3.10

风险　risk

发生危险事件或有害暴露的可能性，与随之引发的人身伤害或健康损害的严重性的组合。

3.11

安全风险评估　security risk assessment

运用定性或定量的统计分析方法对安全风险进行分析，确定其严重程度，对现有控制措施的充分性、可靠性加以考虑，以及对其是否可接受予以确定的过程。

3.12

安全风险管理　security risk management

根据安全风险评估的结果，确定安全风险控制的优先顺序和安全风险控制措施，以达到改善安全生产环境、减少和杜绝安全生产事故的目的。

3.13

作业环境　working environment

从业人员进行生产经营活动的场所以及相关联的场所，对从业人员安全、健康和工作能力，以及对设备（设施）安全运行产生影响的所有自然和人为因素。

3.14

危险源　source of danger

可能导致人身伤害和（或）健康损害的根源、状态或行为，或其组合。

重大危险源是指长期地或者临时地生产、搬运、使用或者储存危险物品，且危险物品的数量等于或者超过临界量的单元（包括场所和设施）。

3.15

生产安全事故隐患 production safety accident hidden danger

违反安全生产法律、法规、规章、标准、规程和管理制度的规定，或者因其他因素在生产经营活动中存在可能导致事故发生的物的不安全状态、人的不安全行为和管理上的缺陷。事故隐患分为一般事故隐患和重大事故隐患。

一般事故隐患是指危害和整改难度较小，发现后能够立即整改消除的隐患。

重大事故隐患是指危害和整改难度较大，需要全部或者局部停产停业，并经过一定时间整改治理方能消除的隐患，或者因外部因素影响致使生产经营单位自身难以消除的隐患。

3.16

职业卫生管理 occupational health management

对工作场所内产生或存在的职业性有害因素及其健康损害进行识别、评估、预测和控制，其目的是预防和保护劳动者免受职业性有害因素所致的健康影响和危险，使工作适应劳动者，促进和保障劳动者在职业活动中的身心健康和社会福利。

3.17

应急预案 contingency plan

为有效预防控制突发公共事件的发生,或者在突发公共事件发生后能够采取有效应对处理措施,防止事态和不良影响扩大,最大限度减少人民生命财产损失,而预先制定的事前预防和事后处置的工作方案。应急预案分为综合应急预案、专项应急预案和现场处置方案。

3.18

安全设施 safety facilities

在建设施工活动中用于预防和减少生产安全事故的设备、设施、装置、构(建)筑物和其他技术措施的总称。

3.19

相关方 interested target

建设场所内外与建设工程安全生产绩效有关的或受其影响的个人和单位。

4 基本要求

4.1 电力建设工程参建单位应落实安全生产主体责任,建立安全生产责任制,建立健全安全生产保证体系和监督体系,健全安全管理规章制度,保障安全生产投入,加强安全教育培训,推进安全生产标准化建设,依靠科学管理和技术进步,提高施工安全管理水平。

4.2 电力建设工程勘察设计、施工、监理等单位应具备电力工程资质和与承建项目相适应的资质等级、相应行政许可。实行工程总承包的,工程总承包单位应当具有与电力工程规模相适应的工程设计资质或施工资质。

4.3 电力建设工程参建单位的主要负责人是本单位工程项目安全生产第一责任人,对安全生产工作全面负责。主要负责人及安全管理人员应经专项安全教育培训,并取得安全考核合格证明。

5 施工安全管理策划

5.1 编制要求

建设单位应编制施工安全管理总体策划文件,并经建设工程安全生产委员会批准后颁布实施;其他参建单位应依据已经批准的安全管理总体策划,编制本单位安全管理策划文件,并在工程开工前完成。

5.2 建设单位施工安全管理策划内容

5.2.1 建设单位与上级主管单位签订的项目安全管理目标责任书的主要内容(包括但不限于)为安全生产目标、安全生产费用投入与使用、安全生产责任、考核奖惩等。

5.2.2 组建安全管理机构,明确安全管理机构职责。并结合工程建设实际,明确各参建单位(含相关方)的安全生产责任、责任范围和考核标准。

5.2.3 对建设工程的安全管理工作进行全面策划,策划文件内容包括:项目的实际情况,综合考虑技术、质量、安全、费用、进度、职业卫生、环境保护等方面的要求,确定建设工程安全管理的各项原则要求。

5.2.4 建立安全风险辨识、评估管理、风险应对制度，并明确安全风险评估的目的、范围、频次、准则和工作程序等。

5.2.5 制订建设工程安全管理计划，主要内容（包括但不限于）：安全教育培训、安全费用、安全生产标准化工作、安全活动等。

5.2.6 根据工程建设实际制订文明施工规划，确保现场建立正常的安全文明施工秩序，协调解决工程建设中有关安全文明施工的重大问题。

5.2.7 建立职业卫生管理制度，组织职业病危害因素安全告知、职业卫生体检；建立职业卫生监护档案，开展职业病危害因素监测；按要求开展职业病危害因素申报，完善职业病危害标识。

对存在职业病危害的作业场所设置报警装置或警示标志，制定应急预案，配置现场急救用品、设备，设置应急撤离通道和必要的避险区、泄险区。

5.2.8 应根据批准的建设项目环境影响评价文件，编制用于指导项目实施过程的项目环境保护计划，按规定程序批准实施。项目环境保护计划包括下列主要内容：项目环境保护目标及主要指标、项目环境保护实施方案、项目环境保护所需的人财物和技术等资源的专项计划、项目环境保护所需的技术研发等工作、项目实施过程中防治环境污染和生态破坏的措施以及投资估算。

5.2.9 应明确施工组织设计、专项施工方案、安全技术方案（措施）编制、修改、审核和审批的权限、程序及时限。

根据权限，按方案涉及内容，由技术负责人组织相关职能部门审核，技术负责人审批。审核、审批应有明确意见并签名。编制、审批应在施工前完成。

5.2.10 按照"统一规划、统一组织、统一协调、统一监督"的原则，进行现场施工布局规划，编制项目现场施工平面布置图。

施工现场的施工布局规划应符合国家、行业有关建设工程施工现场安全、文明施工和环保施工的规定，创建绿色环保工地。

编制的现场施工平面布置应紧凑合理，尽可能减少用地。

现场施工平面布置图应包括安全文明施工区域化、定置化设计，道路与道路标志，排水与排污系统，废料与垃圾处理，已建和拟建（构）筑物及管线，测量放线标桩地形等高线，施工机械位置及运转范围，生产、生活临时设施，必要的图例、比例尺、方向及风向标记等内容。

5.2.11 在项目开工前，应进行安全生产标准化总体规划，成立组织机构，明确责任部门、责任人，确定安全生产标准化评级目标，并组织学习和培训。对照标准要素，结合日常安全大检查工作，组织开展标准化自查自评工作。

5.2.12 建设工程开工应具备以下基本条件（包括但不限于）：

a) 建设工程获得国家规定的有关文件；开工报告或施工许可已办理。

b) 建设工程法人依法设立，项目部的责任体系、组织体系和制度体系健全。管理机构有关人员、安全管理人员经过专项培训。应急预案已完成政府有关部门备案工作。

c) 设计交底已完成，施工组织总设计大纲已经编制完成并经审定。具备开工条件的专业施工组织设计或施工方案已通过审批；施工图纸已通过会审。

5.2.13 对工期管理进行策划，并符合以下基本要求：

    a）依据国家、行业施工组织设计规范、工期定额，确定合理工期，建设单位组织制订工程里程碑节点工期和一级施工进度计划；组织项目监理机构，协调各施工单位落实一级施工进度计划，编制二级进度计划；编制完成的施工工期计划应按程序审批。

    b）已经批准的里程碑节点工期或一级施工进度计划，如需要调整并提前于工程合同投产日期的，应由上级主管单位组织论证并书面批准。

5.2.14 安全检查策划的基本要求：应定期组织安全检查和各类专项检查。重要时期、时段及重大活动期间，应组织专项安全检查。应编制建设工程检查计划，内容包含参加人员、检查内容、时间等，并经审批发布。应参加安全检查的人员包括有关领导、安全生产管理人员、党团工会及相关职能部门人员等。

5.2.15 安全教育培训策划的基本要求如下：

    a）应对入厂（场）人员进行安全生产和职业卫生教育培训，保证从业人员具备满足岗位要求的安全生产和职业卫生知识。未经安全教育培训合格的从业人员，不应上岗作业。

    b）应对进入建设工程现场检查、参观、学习等外来人员以及从事服务和作业活动的承包商、供应商的从业人员，进行入厂安全教育培训，并保存记录。

5.2.16 相关方安全管理策划的基本要求如下：

a） 应建立相关方等安全管理制度,将相关方的安全生产和职业卫生纳入管理,对相关方的资格预审、选择、作业人员培训、作业过程检查监督、提供的产品与服务、绩效评估、续用或退出等进行管理。

b） 应明确建立合格相关方的名录和档案的要求,定期识别服务行为安全风险,并采取有效的控制措施。

c） 应与相关方等签订合同与安全协议,明确规定双方的安全生产及职业病防护的责任和义务,应通过供应链关系促进承包商、供应商等相关方达到安全生产标准化的要求。

5.2.17 应急管理和防灾避险策划的基本要求如下:

a） 建设单位是建设工程应急预案管理工作的责任主体。应根据工程的组织结构、管理模式、工程规模、风险种类、应急能力及周边环境等,组织编制综合应急预案。应当针对工程可能发生的自然灾害类、事故灾难类、公共卫生事件类和社会安全事件类等各类突发事件,组织编制相应的专项应急预案。

b） 按照有关规定建立应急管理组织机构或指定专人负责应急管理工作。建立与本工程安全施工特点相适应的专（兼）职应急救援队伍。按照有关规定可以不单独建立应急救援队伍的,应指定兼职救援人员,并与邻近专业应急救援队伍签订应急救援服务协议。

5.2.18 其他安全管理策划的内容（包括但不限于）如下:

a） 应制订现场防火、交通等策划文件,明确管理部门。编制现场防火管理、交通管理制度,明确道路、车辆、驾驶员的管理职责和要求。

b） 应利用信息化手段，加强安全生产工作，开展安全风险管控和隐患排查治理、安全生产预测、预警等信息系统建设。

5.3　勘察设计单位施工安全管理策划内容

5.3.1　勘察设计单位施工安全管理策划的基本要求如下：

a） 按照国家法律、法规和有关设计规范、标准、工程建设标准强制性条文进行勘察设计，不发生由于设计原因导致的生产安全事故隐患。

b） 编制设计计划书时，应当列出适用设计的工程建设强制性标准并编制条文清单。

c） 应提供真实、准确、完整的勘察设计文件。

d） 严格执行勘察作业相关规定，保证各类管线、设施和周边建（构）筑物的安全。

e） 根据施工及运行安全操作和安全防护的需要，增加安全及防护设施内容设计，设计文件中要注明涉及施工安全的重点部位和环节及应采取的施工技术措施，提出防范安全事故的指导意见。

f） 对采用新技术、新工艺、新流程、新装备、新材料的工程项目，应掌握其安全技术特性，满足设计安全要求。提出保障施工作业人员安全和预防安全事故的措施和建议。

g） 工程设计时考虑土石方堆放场地，制定避免水土流失措施、施工垃圾堆放及处理措施、"三废"（废弃物、废水、废气）及噪声等排放处理措施，使之符合国家、地方政府有关职业卫生和环境保护的要求。

5.3.2 勘察设计单位设置工地代表处工作要求如下：

a) 勘察设计单位应在建设工程设置工地代表处，代表勘察设计单位履行合同。

b) 勘察设计单位委派的设计工地代表应当及时解决施工中出现的勘察、设计的安全与职业卫生问题。

5.3.3 设计报告、文件中编制安全专篇的基本要求：在项目初步可行性研究阶段、可行性研究阶段应开展有关安全风险、地质灾害分析和评估，开展相应的设计工作；在初步设计阶段，初步设计文件相关专业部分需编制安全措施，同时，初步设计文件中需编制"安全部分"；在施工图设计阶段，各专业均应根据国家、行业和地方相关法律、法规、规章及规范性文件以及初设阶段编制并审查通过的《安全防护设施设计》专篇报告，设计相应施工图分册。

5.3.4 设计文件交底的基本要求如下：

a) 设计文件的交底，由建设单位或监理单位负责组织，建设（或监理）、施工、生产、设计单位派人员参加。

b) 工程开工前，勘察设计单位向施工单位和监理单位说明建设工程设计意图，解释建设工程设计文件及相关安全注意事项。

c) 施工图设计交底及会审工作可按专业集中一次或分次进行，其纪要应由勘察设计单位负责整理，监理单位审核，建设单位签发。

5.3.5 识别适用的工程建设强制性标准并编制条文清单的要求如下：

  a） 设计单位应根据国家工程建设标准强制性条文的有关规定，分专业在施工图设计前进行梳理，并编制适用的条文清单，经设总审核批准作为施工图设计的重要设计文件之一。

  b） 条文清单应集中附在各专业首卷之内，且须逐条贯穿在各分册设计中。

  c） 各专业的"强制性条文"应在施工图设计交底时作为一项"专项"予以说明。

  d） 强制性条文清单应包括序号、强制性条文规程的名称、该规程中适用本工程的强制性条文编号和该强制性条文适用的卷册名称或卷册编号四项内容。其目的是便于日后的贯彻与检查。

5.4 施工单位施工安全管理策划内容

5.4.1 施工单位进行施工安全管理策划的基本要求如下：

  a） 应建立以施工单位主要负责人为"安全第一责任人"的安全生产保证体系，成立安全生产管理机构，配置符合国家和行业标准的专职安全生产管理人员。项目部成立后，根据施工实际，依据建设单位安全管理目标，制订分解文件化的工程（或年度）安全施工与职业卫生目标，并纳入施工单位项目部总体经营目标。安全管理目标应包含人员、机械、设备、交通、火灾、环境、职业卫生等事故方面的控制指标。应明确目标的制订、分解、实

施、检查、考核等环节要求，并按照所属部门和工地在
施工活动中所承担的职能，将目标逐级分解为指标，确
保落实到位。

b) 建立、健全本项目的安全生产责任制，明确各级人员职
责，定期对安全生产职责履职情况进行检查、考核、
公示。

c) 应根据工程实际、工程建设单位要求，建立符合本项目
的安全生产规章制度。建立隐患排查治理、应急管理等
制度，并按程序审批，发布实施。

d) 应建立相关方安全管理制度，明确主管部门，将相
关方纳入项目管理范畴，同标准、同考核、同培训、
同检查。

e) 应建立安全生产标准化建设组织机构，明确各岗位职
责，开展安全生产标准化管理，定期进行自查、自评，
并符合达标评级标准。

5.4.2 识别适用的工程建设法律法规、标准规范策划的基本要
求如下：

a) 应明确识别安全生产与职业卫生法律法规、标准规范的
主管部门，确定获取的渠道、方式，及时识别和获取适
用、有效的法律法规、标准规范，建立安全生产和职业
卫生法律法规、标准规范清单和文本数据库。

b) 应将适用的安全施工和职业卫生法律法规、标准规范的
相关要求及时转化为本单位的规章制度、操作规程，并
及时传达给项目有关人员，确保相关要求落实到位。

5.4.3 项目部施工安全风险管理的基本要求如下：

a） 应建立安全生产危险源辨识和风险评估管理制度。明确安全风险评估的目的、范围、频次和工作程序等。

b） 应选择合适的安全风险评估方法，定期对辨识出危险的作业活动、设备设施、物料等进行评估。在进行安全风险评估时，至少应从影响人、财产和环境三个方面的可能性和严重程度进行分析。

c） 施工环境、施工工艺和主要施工方案发生改变时，应重新进行危险源辨识和安全风险评估。

d） 应根据风险评估结果制定相应的管控措施，并组织落实。将安全风险评估结果、防范措施告知相关施工人员，在现场醒目位置，公示现场主要施工区域、岗位、设备、设施存在的危险源及安全风险级别，安全防护措施及应急救援措施，并设置符合要求的警示标志、标识。

5.4.4 文明施工策划的基本要求：依据已经批准的建设单位文明施工策划文件，组织编制本单位文明施工策划文件，确保文明施工工作规定在施工现场得到有效落实。

5.4.5 建立安全操作规程的基本要求如下：

a） 应按照国家和行业的有关规定，结合本项目施工工艺、作业任务特点以及岗位作业安全风险与职业病防治要求，编制齐全适用的岗位安全生产和职业卫生操作规程，发放到相关岗位并严格执行。

b） 新技术、新工艺、新流程、新装备、新材料投入使用前，应组织编制、修订相应的安全生产和职业卫生操作规程，确保其适宜性和有效性。

5.4.6 策划制订职业卫生安全生产技术措施计划的要求：建立

职业卫生管理制度,对施工人员及作业环境开展前期预防和劳动过程中的防护与管理等各项工作。

5.4.7 临时建筑的相关要求如下:

a) 临建选址应科学适用,符合绿色施工的要求。不应建在易发生滑坡、坍塌、泥石流、山洪等危险地段,应避开水源保护区、水库泄洪区、风力较大的风口、易积水的凹地等区域。

b) 临建房屋设计应符合 GB 50352 的规定。

c) 水电工程和其他易发生较大人员伤亡的临时建筑应由专业技术人员编制专项施工方案,并应经单位技术负责人批准后方可实施。安装或拆除应编制施工方案,并应由专业人员施工、专业技术人员现场监督。

d) 应严格检查原材料是否符合防火要求,严禁使用易燃建筑材料。临建房屋安装前,应对基础及预埋件进行验收。基础混凝土强度达到相应的规范要求方可安装,并做好相关记录。

e) 临建用电应符合 GB 50194 等施工用电相关规定。

f) 临建房屋区应当设置消防通道,临建房屋区道路周边满足消防车通行及灭火救援要求时,可不设置消防通道,但应进行明显标识。应配备符合消防标准要求的灭火器材和数量,并定期检查、维护、保养。

g) 施工单位应将施工现场的办公区、生活区与作业区分开设置,并保持安全距离。不得在尚未竣工的建筑物内设置员工宿舍。

5.4.8 进行安全生产标准化建设规划的基本要求:施工单位在

建设工程开工前应成立组织机构,依据建设单位制订的安全生产标准化目标,策划编制建设工程安全生产标准化建设规划及其基本要求,建立安全标准化达标评级管理办法,按国家有关要求开展安全标准化自查整改。

5.4.9 调试安全策划的基本要求如下:

  a) 机组启动调试工作由试运指挥部全面组织、协调,调试组负责具体调试作业的开展。

  b) 监理单位负责组织建设、生产、设计、监理、施工、调试、设备制造厂等单位现场主要负责人和技术人员进行调试大纲审查,并形成审查会议纪要。按照会议纪要完成调试大纲修改后,经调试负责人、监理单位、建设单位审核,报试运指挥部总指挥批准后执行。

  c) 调试工作前,调试人员应向参加人员进行调试安全技术交底,并做好记录。

5.4.10 进行安全教育培训策划的基本要求如下:

  a) 应建立健全安全教育培训制度,按照国家、行业有关规定进行培训,培训大纲、内容、时间应满足有关法律法规、标准规范的规定。教育培训内容应包括安全生产和职业卫生等内容。

  b) 应明确安全教育培训主管部门,定期识别安全教育培训需求,制订、实施安全教育培训计划。并保证必要的安全教育培训资源。

  c) 如实记录施工人员的安全教育和培训情况,建立安全教育培训档案和施工人员个人安全教育培训档案,并对培训效果进行评估和改进。

5.4.11　对相关方的安全管理基本要求如下：

　　a)　建立分包单位、检测机构、供应商等相关单位安全管理制度，对相关方的资格预审、选择、提供的产品与服务、绩效评估、续用或退出等进行管理。

　　b)　应明确建立合格相关方的名录和档案的要求，定期识别服务行为安全风险，并采取有效的控制措施。

　　c)　应与相关方签订合作协议，明确规定双方的安全施工及职业卫生防护的责任和义务。

5.4.12　进行应急管理和防灾避险策划的基本要求如下：

　　a)　应按照有关规定建立应急管理组织机构或指定专人负责应急管理工作。

　　b)　应当根据风险评估情况、岗位操作规程以及风险防控措施，组织现场作业人员及安全管理等专业人员共同编制现场处置方案。并编制重点岗位、人员应急处置卡。每半年应当至少组织一次现场处置方案演练。

　　c)　应当组织开展应急预案培训工作，满足应急管理工作的各项要求。应急预案教育培训情况应当记录在案。

　　d)　按照有关规定设置应急设施，配备应急装备，储备应急物资和管理台账，确保其完好、可靠、数量准确。

5.5　监理单位施工安全管理策划内容

5.5.1　建立建设工程监理机构的基本要求如下：

　　a)　可根据建设工程监理合同约定的服务内容、服务期限，以及工程特点、规模、技术复杂程度、环境等因素确定工程监理机构规模。

b） 建设工程配备的监理人员应专业配套，数量应满足建设
工程监理工作需要。策划文件应对安全监理机构的成立
时间、安全监理人员的配置数量和时间等做出描述，安
全监理人员应取得安全考核合格证明。

5.5.2 识别适用的工程建设法律法规、标准规范的基本要求
如下：

a） 委托监理合同签订后，进驻施工现场前，总监理工程师
应组织主要监理人员，根据工程施工实际情况，列出需
要执行的环境、职业卫生和安全法律法规、标准规范名
录，形成《建设工程监理单位法律法规、标准、规范执
行清单》，经审核、批准后，配备相应的纸质版或电子
版文件。《建设工程监理单位法律法规、标准、规范执
行清单》应抄送施工单位和建设单位。

b） 法律法规、标准规范清单应包括序号，法律法规及标准
编号、时效（标注标准的实施时间），法律法规及标准
名称和适用的专业范围。

c） 监理单位应对规范和标准实施动态管理，以保证使用最
新版本。

5.5.3 安全监理规划、实施细则、旁站监督策划的基本要求
如下：

a） 监理单位应依据国家、行业的监理规范，组织编制包含
安全监理内容的监理规划及实施细则。安全监理内容的
编制应针对工程项目的实际情况，明确监理单位的安全
监理工作目标、组织机构、人员及职责，确定具体的安
全监理工作制度、程序、方法和措施，明确安全监理实

施细则的编制要求和安全监理旁站工作的要求。

b) 监理规划在召开第一次工地会议前报送建设单位。

c) 监理实施细则应由专业监理工程师进行编制,经总监理工程师批准实施。

d) 监理实施细则应包括下列主要内容:专业工程的特点、难点及薄弱环节,专业监理工作重点,监理工作流程,监理工作控制要点、目标,安全监理工作。

e) 担任旁站监理工作的监理人员,应核查特种作业人员的上岗证;检查、监督工程现场的施工质量、安全、节能减排、水土保持等状况及措施的落实情况,发现问题及时指出,予以纠正并向专业监理工程师报告。

5.5.4 编制建设工程特殊作业与危险性较大的分部分项工程清单的基本要求如下:

a) 组织编制建设工程特殊作业与危险性较大的分部分项工程清单,明确监理的措施和控制要点。

形成的清单应包括达到一定规模的危险性较大的分部分项工程清单,超过一定规模的危险性较大的分部分项工程清单,重要临时设施、重要施工工序、特殊作业、危险作业项目清单。

b) 特殊作业与危险性较大的分部分项工程范围,应根据本导则附录 A、B 有关要求,并结合工程实际情况,分专业,按单位工程、分部分项工程,逐级、逐项识别、确定。

c) 特殊作业与危险性较大的分部分项工程清单应包括序号、专业类别、单位工程名称、分部分项工程名称、计划实施时间、作业项目或内容。

d) 清单编制完成后,项目监理机构应与现场有关单位进行沟通,达成一致后形成执行清单。

5.5.5 对建设工程项目监理机构相关信息告知的要求如下:

a) 应按国家和行业相关安全法律法规、规范、标准和委托监理合同的约定,建立安全监理信息管理制度,按时做好相关安全信息的收集汇总,按要求向上级主管部门及其他相关单位报送。

b) 报送的主要安全信息应包含监理单位资质、人员信息、监理规划、安全监理制度、安全监理工作信息等。

5.5.6 对工程总承包或施工单位环境、职业卫生和安全管理体系审核的相关要求如下:

a) 工程项目开工前,建设工程监理部总监理工程师应组织审核工程总承包或施工单位的环境、职业健康和安全管理体系,满足要求时予以签认。

b) 环境、职业健康和安全管理体系应审核以下内容(包括但不限于):组织机构,职业卫生安全与环境管理制度和程序,核查项目负责人、专职安全生产管理人员培训情况和特种作业人员特种作业操作证,危险源辨识、风险评价和应急预案及演练方案,环境因素识别、环境因素评价、应急准备和响应措施及演练方案。

c) 管理体系应实行动态管理,当施工单位上报的体系文件内容有所变动时,施工单位应及时向监理单位再次报送备案。

5.5.7 对工程总承包或施工单位报送的施工组织设计组织审查的要求：工程开工前，建设工程监理单位总监理工程师应组织专业监理工程师审查施工单位项目部报送的施工组织设计并提出审查意见，经总监理工程师审核、签认后报建设单位。

5.5.8 对工程总承包或施工单位履约资格审核的要求：

专业监理工程师应审核施工单位报送的有关履约资质资料，符合规定由总监理工程师签认。审核的内容应包含（包括但不限于）：

a) 工商营业执照、组织机构代码证、税务登记或统一社会信用代码的营业执照（查验原件，留置复印件，复印件需加盖公司公章）；

b) 企业资质证书（查验原件，留置加盖公司公章的复印件）；

c) 法人代表证明书（查验原件，留置复印件及身份证复印件，复印件需加盖公司公章）；

d) 法人委托授权书（查验原件，留置法人委托授权书、被委托人的身份证复印件，复印件需加盖公司公章）；

e) 安全生产许可证（国外、境外施工企业在国内承包工程许可证，特殊行业施工许可证）（查验原件，留置复印件，复印件需加盖公司公章）；

f) 工程所在地施工许可证（查验原件，留置复印件，复印件需加盖公司公章）；

g) 前三年安全生产业绩证明和近三年安全施工记录；

h) 安全生产和职业卫生与环境管理组织机构及人员配备配置表（正式文件需加盖公司公章）；

i)　施工管理人员、施工人员及特种作业人员的资格证书、上岗证（查验原件，留置复印件，复印件需加盖公司公章）；

j)　保证安全施工的机械的相关技术文件,包括起重机械安全准用证、工器具及安全防护设施、用具的配备配置表及技术档案；

k)　有关管理制度（正式文件需加盖公司公章）。

5.5.9　对第一次工地安全会议组织及要求：

a)　监理单位应在工程开工前组织召开第一次工地安全会议，形成书面会议纪要并发送至施工单位和建设单位；

b)　第一次工地安全会议的内容应包含建设单位和监理单位对施工安全管理的要求、各方安全管理职责、安全管理工作流程等方面。

5.5.10　工程总承包单位或施工单位开工安全生产条件：

监理单位应审查工程总承包单位或施工单位的开工安全生产条件（包括但不限于）：

a)　建立健全安全生产责任制,经过审批的安全生产规章制度和操作规程；

b)　设置安全生产管理机构，配备专职安全生产管理人员；

c)　主要负责人和安全生产管理人员经培训合格；

d)　特种作业人员经有关业务主管部门考核合格，取得特种作业操作证；

e)　从业人员经安全生产教育培训、体检合格；

f)　依法参加工伤保险，为从业人员缴纳保险费，鼓励投保

　　　安全生产责任保险；

g)　生产安全事故应急救援预案、应急救援组织或者应急救
　　　援人员满足国家、行业要求，配备必要的应急救援器材、
　　　设备；

h)　法律法规规定的其他条件。

5.6　工程总承包单位施工安全管理策划内容

5.6.1　工程总承包单位各级管理人员应对项目的安全、职业卫
生与环境管理共同承担责任。工程总承包单位应设置不少于 2
名专职安全管理人员（输变电、风力发电和光伏发电工程，依据
国家要求及签订的合同设置专职安全管理人员）。安全管理人员
在项目经理领导下，具体负责项目安全、职业卫生与环境管理的
组织与协调工作。

5.6.2　工程总承包单位主要负责人应依法对项目安全生产全面
负责，根据项目职业卫生安全管理体系，组织制定项目安全生产
规章制度、操作规程和教育培训制度或规定，保证项目安全生产
条件所需资源的投入。

5.6.3　工程总承包单位安全管理必须贯穿于工程设计、采购、
施工、试运行各阶段。

5.6.4　工程总承包单位应贯彻建设工程的职业卫生方针，制订
项目职业卫生管理计划，按规定程序经批准后实施。

5.6.5　工程总承包单位环境保护应贯彻执行环境保护设施工程
与主体工程同时设计、同时施工、同时投入使用的"三同时"原
则。应根据建设工程环境影响报告和总体环保规划，制订环境保
护计划，并进行有效控制。

5.6.6 工程总承包单位应在系统辨识危险源并对其进行风险分析的基础上，编制初步风险清单。根据项目的安全管理目标，制订项目安全管理计划，并按规定程序批准后实施。

5.6.7 工程总承包单位或分包单位必须依法参加工伤保险。为从业人员缴纳保险费，鼓励投保安全生产责任保险、意外险。

5.6.8 工程总承包单位进行施工安全管理策划的基本要求如下：

    a) 应建立以工程总承包单位主要负责人为"安全第一责任人"的安全生产保证体系和安全生产监督体系，成立安全生产管理机构，配置符合国家和行业标准的专职安全生产管理人员。项目部成立后，根据安全施工实际，依据建设单位安全管理目标，制订分解文件化的工程（或年度）安全施工与职业卫生目标，并纳入总承包单位建设工程经营目标。安全管理目标应包含人员、机械、设备、交通、火灾、环境、职业卫生等事故方面的控制目标。应明确目标的制订、分解、实施、检查、考核等环节要求，并按照所属部门和工地在施工活动中所承担的职能，将目标逐级分解为指标，确保落实到位。

    b) 建立、健全符合建设工程实际的安全生产责任制，明确各级人员职责，定期对安全生产职责履职情况进行检查、考核、公示。

    c) 应根据工程实际、建设单位要求，建立符合建设工程的安全生产规章制度，建立隐患排查治理、应急管理等制度，并按程序审批，发布实施。

    d) 应建立相关方安全管理制度，明确主管部门，相关方安全管理与项目管理人员，同标准、同考核、同培训、同检查。

e) 应建立安全生产标准化建设组织机构，明确各岗位职责，开展安全生产标准化管理，定期进行自查、自评，并符合达标评级标准。

5.6.9 工程总承包单位识别适用的工程建设法律法规、标准规范策划的基本要求如下：

a) 应明确标准规范、职业卫生法律法规识别主管部门，确定获取的渠道、方式，及时识别和获取适用、有效的法律法规、标准规范，建立安全生产和职业卫生法律法规、标准规范清单和文本数据库。

b) 应将适用的安全施工和职业卫生法律法规、标准规范的相关要求及时转化为本单位的规章制度、操作规程，并及时传达给有关人员，确保相关要求落实到位。

5.6.10 工程总承包单位进行施工安全风险管理的基本要求如下：

a) 应建立安全生产危险源辨识和评估管理制度。明确安全风险评估的目的、范围、频次和工作程序等。

b) 应选择合适的安全风险评估方法，定期对辨识出危险源的作业活动、设备设施、物料等进行评估。在进行安全风险评估时，至少应从影响人、财产和环境三个方面的可能性和严重程度进行分析。

c) 施工环境、施工工艺和主要施工方案发生改变时，应重新进行危险源辨识和安全风险评估。

d) 应将安全风险评估结果、防范措施告知相关施工人员，在现场醒目位置，公示现场主要施工区域、岗位、设备、设施存在的危险源及安全风险级别，安全防护措施及应急救援措施，并设置符合要求的警示标志、标识。

5.6.11　工程总承包单位文明施工策划的基本要求：依据已经批准的建设单位文明施工策划，组织编制总承包单位文明施工策划，对施工现场文明施工进行"二次策划"，确保文明施工工作规定在施工现场得到有效落实。

5.6.12　工程总承包单位建立安全操作规程的基本要求如下：

a）　应按照国家和行业的有关规定，结合本项目施工工艺、作业任务特点以及岗位作业安全风险与职业病防护要求，编制或组织编制齐全适用的岗位安全生产和职业卫生操作规程，发放到相关岗位并严格执行。

b）　应在新技术、新工艺、新流程、新装备、新材料投入使用前，组织制、修订相应的安全生产和职业卫生操作规程，确保其适宜性和有效性。

5.6.13　工程总承包单位策划制定职业卫生安全生产技术措施的要求如下：

a）　依据《中华人民共和国职业病防治法》和国家有关职业卫生有关法规，建立职业卫生管理制度，对施工人员及作业环境开展前期预防和劳动过程中的防护与管理等各项工作。

b）　与施工人员订立劳动合同时，应将工作过程中可能产生的职业危害及其后果和防护措施如实告知从业人员，并在劳动合同中写明。项目部应保留与施工人员签订的劳动合同原件或复印件。

5.6.14 工程总承包单位临时建筑的相关要求如下：

a) 临建选址应科学适用，符合绿色施工的要求。不应建在易发生滑坡、坍塌、泥石流、山洪等危险地段，应避开水源保护区、水库泄洪区、风力较大的风口、易积水的凹地等区域。

b) 临建房屋设计应符合 GB 50352 的规定。

c) 水电工程和其他易发生较大人员伤亡的临时建筑应由专业技术人员编制专项施工方案，并应经单位本部技术负责人批准后方可实施。安装或拆除应编制施工方案，并应由专业人员施工、专业技术人员现场监督。

d) 应严格检查原材料是否符合防火要求，严禁使用易燃建筑材料。临建房屋安装前，应对基础及预埋件进行验收，基础混凝土强度达到相应的规范要求方可安装，并做好相关记录。

e) 临建用电应符合 GB 50194 等施工用电相关规定。

f) 临建房屋区应当设置消防通道，临建房屋区道路周边满足消防车通行及灭火救援要求时，可不设置消防通道，但应设置明显标识。应配备符合消防标准要求灭火器材和数量，并定期检查、维护、保养。

g) 应将施工现场的办公区、生活区与作业区分开设置，并保持安全距离。不得在尚未竣工的建筑物内设置员工宿舍。

5.6.15 进行安全生产标准化建设规划的基本要求：工程总承包单位应在项目开工前成立组织机构，依据建设单位制订的安全生产标准化目标，策划编制建设工程安全生产标准化建设规划及其基本要求，对照安全标准化达标评级管理办法，按国家有关要求开展安全标准化自查整改、申报工作。

5.6.16 调试作业安全策划的基本要求如下：

a）机组启动调试工作由试运指挥部全面组织、领导、协调，调试组负责具体调试项目的开展。

b）监理单位或建设单位负责组织建设、生产、设计、监理、施工、调试、设备制造厂等单位现场主要负责人进行审查调试大纲，并形成审查会议纪要。按照会议纪要完成调试大纲修改后，经调试负责人审核，报试运指挥部总指挥批准后执行。

c）调试工作前，调试技术人员应向参加人员进行调试安全技术交底，并做好记录。

5.6.17 对安全检查的基本要求：应定期组织安全检查和各类专项检查。重要时期、时段、重大活动期间，应组织专项安全检查。编制建设工程检查计划，包含参加人员、检查内容、时间等内容，并经审批发布。参加安全检查的人员包括有关领导、安全生产管理人员、党团工会等人员。

5.6.18 进行安全教育培训策划的基本要求如下：

a）应建立健全安全教育培训制度，按照国家、行业有关规定进行培训，培训大纲、内容、时间应满足有关标准的规定。教育培训内容应包括安全生产和职业卫生。

b) 应明确安全教育培训主管部门,定期识别安全教育培训需求,制订、实施安全教育培训计划。并保证必要的安全教育培训资源。

c) 如实记录施工人员的安全教育和培训情况,建立安全教育培训档案和施工人员个人安全教育培训档案,并对培训效果进行评估和改进。

5.6.19 对相关方的安全管理基本要求如下:

a) 建立检测机构、供应商等相关单位安全管理制度,对相关方的资格预审、选择、提供产品与服务、绩效评估、续用或退出等进行管理。

b) 应建立合格相关方的名录和档案,定期识别服务行为安全风险,并采取有效的控制措施。

c) 应与相关方签订合作协议,明确规定双方的安全施工及职业卫生防护的责任和义务。

5.6.20 进行应急管理和防灾避险策划的基本要求如下:

a) 应按照有关规定建立应急管理组织机构或指定专人负责应急管理工作。

b) 应根据风险评估情况、岗位操作规程以及风险防控措施,组织现场作业人员及安全管理等专业人员共同编制现场处置方案。并编制重点岗位、人员应急处置卡。每半年应当至少组织一次现场应急处置方案演练。

c) 应组织开展应急预案培训工作,满足应急管理工作的各项要求。应急预案教育培训情况应当记录在案。

d) 按照有关规定设置应急设施,配备应急装备,储备应急物资,建立管理台账,确保其完好、可靠。

6 安全生产管理体系

6.1 安全生产委员会（以下简称安委会）

6.1.1 基本要求

参建单位应根据本企业及建设工程项目实际情况，成立安委会或成立安全生产领导小组，要求如下：

a) 电力建设工程施工安全,实行建设单位统一协调、管理,勘察设计、施工、监理单位在各自工作范围内履行安全生产职责。电力建设工程实行工程总承包的,工程总承包单位应按照合同约定,履行建设单位对工程施工安全的组织与协调工作。

b) 建设工程项目有三个及以上施工单位;建设工地施工人员总数超过 100 人;建设工期超过 180 天,建设单位必须组建安委会,作为安全生产工作的领导机构,其余情况应成立安全生产领导小组。其他参建单位宜成立安委会或安全生产领导小组。

6.1.2 构成

安全生产委员会应由企业主要负责人和各职能部门的负责人组成，要求如下：

a) 建设单位安委会应由主要负责人（主任），分管安全与职业卫生、机电设备、技术管理的负责人，各管理部门负责人，以及勘察设计、监理、施工（或工程总承包）

等单位主要负责人为成员组成。

b) 施工（或工程总承包）单位安委会应由项目主要负责人（主任），各专业、管理部门负责人与各分包单位主要负责人组成。

c) 参建单位安委会的组建应以正式文件确认，成员发生变动，应及时予以调整。

6.1.3　工作职责

参建单位应在安全生产责任制中，明确安委会的职责。安委会应履行下列基本职责（包括但不限于）：

a) 贯彻落实国家有关安全生产的法律法规、标准规范，制订、完善项目安全生产总体目标及年度目标、安全生产目标管理计划，并组织实施与考评。

b) 组织制订、完善、评估安全生产管理制度，并组织落实与监督、考核。

c) 组织开展国家、行业要求的和项目关键环节、重要时段的安全生产监督检查、隐患排查。

d) 组织开展安全生产标准化建设活动。

e) 组织开展安全绩效监督检查与考核。

f) 协调解决项目安全生产工作中的重大问题等。

6.1.4　工作程序

安委会实行工作例会制度，安委会主任定期组织召开工作会议，程序如下：

a) 各参建单位每季度应至少召开一次全体会议。总结分析

本单位（项目）的安全生产管理工作状况，进行安全
生产职责履行情况考核，部署时段性安全生产工作
计划，协调解决安全生产问题，决定工程建设中安
全职业卫生、文明施工管理重大措施及安全生产费
用等事项。

必要时，安委会主任可随时召开安委会专题会议，研究、
决策紧急的重大安全工作问题。

b) 会议应形成会议纪要，经安委会主任审阅后，由安委会
办公室印发各部门及相关单位，并负责监督落实。安委
会会议提出问题的落实情况，应在下一次安委会会议上
予以汇报。

会议纪要应报送上级单位，施工单位的会议纪要应抄报建设
单位。

6.1.5　安委会办公室职责

安委会应设置办公室作为安委会的办事机构。办公室主任由
分管安全的负责人担任，安委会办公室具体负责执行安委会的决
议和交办事项，职责如下：

a) 编制安全生产工作计划，逐项落实安委会的相关职责。

b) 对安委会会议提出的工作改进意见和建议与要求，制定
具体的整改措施，并跟踪落实。

c) 组织召开每月一次的安全生产工作例会。检查本单位
（项目）的安全生产、文明施工情况，协调解决施工
中存在的职业卫生安全问题，提出改进措施并闭环
整改。

d) 做好安委会会议的筹备。根据阶段性安全管理工作要求、监督考核结果，征求全体安委会成员对会议议程的建议和提交会议议定事项的提议。依据安委会的管理工作职责，拟定安委会会议议程、准备会议资料。

会议筹备的主要内容包括：近期国家、行业及授权机构对安全生产管理工作要求的整合；上一次安委会会议以来的安全管理工作总结，下一阶段安全生产管理工作的要求及计划安排；对上一次会议拟定事项的贯彻落实情况总结汇报；安全生产职责履行、安全生产工作计划执行和安全管理目标（控制指标）的实现情况及检查考核情况的汇报、安全奖惩议案；提交审定的安全生产工作重大事项、对重大事项的处理决定和通报议案；安委会成员提交问题的议案；其他需要安委会确定的事项等。

e) 组织开展国家、行业要求的和项目关键环节、重要时段的安全生产监督检查、隐患排查。

6.2 安全生产保证体系

6.2.1 参建单位应建立以主要负责人为核心的安全生产保证体系，保障安全生产的人员、物资、费用、技术等资源落实到位，各级人员应具备相应的任职资格和能力。

6.2.2 参建单位主要负责人应每月主持召开安全工作例会，总结、布置安全文明施工工作，提出改进措施并形成会议记录。

6.3 安全生产监督管理机构

6.3.1 参建单位应按国家相关规定建立健全安全生产监督网络，设立安全生产监督管理机构，配备专职安全生产管理人员，组织排查生产安全事故隐患，督促落实生产安全事故隐患整改措施。

6.3.2 参建单位安全监督机构应定期召开安全监督会议，并做好会议记录；检查安全生产状况，提出改进安全生产管理的建议。

6.3.3 参建单位安全生产监督管理机构的设置与人员配备原则：

a） 管理范围内从业人员 50 人以上的参建单位必须设置安全生产监督管理机构（以下简称安监部门），并按比例配备专职安全管理人员，且不得少于 2 名。

b） 施工单位的专业工地（队、车间）必须设专职安全员，班组应设兼职安全员。分包单位与施工单位的专业工地（队、车间）等同管理。

c） 专职安全管理人员必须具备三年以上的施工现场经历，具有较高的业务管理素质和相应任职资格。鼓励专职安全人员取得注册安全工程师证书。

7 安全生产责任与职责

7.1 基本要求

建设工程应按照"党政同责、一岗双责、齐抓共管、失职追责""管生产必须管安全"和"管业务必须管安全"的原则，建立健全以各级主要负责人为安全第一责任人的安全生产责任制，全面落实企业安全生产主体责任。

7.2 参建单位的安全生产责任

7.2.1 建设单位安全生产责任

建设单位对电力建设工程施工安全负全面管理责任，具体内容包括：

a) 建设单位对电力建设工程项目安全生产进行统一协调管理，建立健全安全生产组织和管理机制，负责电力建设工程安全生产组织、协调、监督职责。

b) 建立健全安全生产监督检查和隐患排查治理机制，实施施工全过程安全生产管理。

c) 建立健全安全生产应急响应和事故处置机制，组织实施突发事件应急抢险和事故救援。

d) 建立电力建设工程项目应急管理体系，编制综合应急预案，组织勘察设计、施工、监理等单位制定各类安全事故应急预案，落实应急组织、程序、资源及措施，定期组织演练，建立与国家有关部门、地方政府应急体系的协调联动机制，确保应急工作有效实施。

e) 及时协调和解决影响安全生产重大问题。建设工程实行工程总承包的，工程总承包单位应当按照合同约定，履行建设单位对工程的安全生产责任；建设单位应当监督工程总承包单位履行对工程的安全生产责任。

f) 建设单位应当按照国家有关规定实施电力建设工程招

投标管理，具体包括：

1）　应当将电力建设工程发包给具有相应资质等级的单位，中标单位不得将中标项目的主体工程和关键性工作分包给他人完成；

2）　应当在电力建设工程招标文件中对投标单位的资质、安全生产条件、安全生产费用使用、安全生产保障措施等提出明确要求；

3）　应当审查投标单位主要负责人、项目负责人、专职安全生产管理人员是否满足国家规定的资格要求；

4）　应当与勘察设计、施工、监理等中标单位签订安全生产协议。

g）　按照国家有关安全生产费用投入和使用管理规定，电力建设工程概算应当单独计列安全生产费用，不得在电力建设工程投标中列入竞争性报价。根据电力建设工程进展情况，及时、足额向参建单位支付安全生产费用。

h）　建设单位应当向参建单位提供满足安全生产的要求的施工现场及毗邻区域内各种地下管线、气象、水文、地质等相关资料，提供相邻建筑物和构筑物、地下工程等有关资料。

i）　建设单位应当组织参建单位落实防灾减灾责任，建立健全自然灾害预测预警和应急响应机制，对重点区域、重要部位地质灾害情况进行评估检查。应当对施工营地选址布置方案进行风险分析和评估，合理选址。组织施工单位对易发生泥石流、山体滑坡等地质灾害工程项目的生活办公营地、生产设备设施、施工现场及周边环境开展地质灾害隐患排查，制定和落实防范措施。

j) 建设单位应当执行定额工期，不得压缩合同约定的工期。如工期确需调整，应对安全影响进行论证和评估。论证和评估应当提出相应的施工组织措施和安全保障措施。

k) 建设单位应当履行施工分包监督管理责任，严禁施工单位转包和违法分包，将分包单位纳入工程安全管理体系，严禁以包代管。

l) 建设单位应在电力建设工程开工报告批准之日起 15 日内，将保证安全施工的措施，包括电力建设工程基本情况、参建单位基本情况、安全组织及管理措施、安全投入计划、施工组织方案、应急预案等内容向建设工程所在地国家能源局派出机构或有关主管部门备案。

m) 建设工程实行工程总承包的，总承包单位应当按照合同约定，履行建设单位对工程的安全生产责任；建设单位应当监督工程总承包单位履行对工程的安全生产责任。

7.2.2 勘察设计单位安全生产责任

勘察设计单位对电力建设工程的安全生产责任主要内容包括：

a) 勘察设计单位应当按照法律法规和工程建设强制性标准进行电力建设工程的勘察设计，提供的勘察设计文件应当真实、准确、完整，满足工程施工安全的需要。在编制设计计划书时应当识别设计适用的工程建设强制性标准并编制条文清单。

b) 勘测单位在勘测作业过程中,应当制定并落实安全生产技术措施,保证作业人员安全,保障勘测区域各类管线、设施和周边建筑物、构筑物安全。

c) 电力建设工程所在区域存在自然灾害或电力建设活动可能引发地质灾害风险时,勘察设计单位应当制定相应专项安全技术措施,并向建设单位提出灾害防治方案建议。

d) 勘察设计单位应当监控基础开挖、洞室开挖、水下作业等重大危险作业的地质条件变化情况,及时调整设计方案和安全技术措施。

e) 设计单位在规划阶段应当开展安全风险、地质灾害分析和评估,优化工程选线、选址方案;可行性研究阶段应当对涉及电力建设工程安全的重大问题进行分析和评价;初步设计应当提出相应施工方案和安全防护措施。

f) 对于采用新技术、新工艺、新流程、新设备、新材料和特殊结构的电力建设工程,勘察设计单位应当在设计文件中提出保障施工作业人员安全和预防生产安全事故的措施建议;不符合现行相关安全技术规范或标准规定的,应当提请建设单位组织专题技术论证,报送相应主管部门同意。

g) 勘察设计单位应当根据施工安全操作和防护的需要,在设计文件中注明涉及施工安全的重点部位和环节,提出防范安全生产事故的指导意见;工程开工前,应当向参建单位进行技术和安全交底,说明设计意图;施工过程中，对不能满足安全生产要求的设计，应当及时变更。

7.2.3　施工单位安全生产责任

施工单位对电力建设工程的安全生产责任主要内容包括：

a）　施工单位应当具备相应的资质等级，具备国家规定的安全生产条件，取得安全生产许可证，在许可的范围内从事电力建设工程施工活动。

b）　施工单位应当按照安全生产法律法规和标准规范组织施工，对其施工现场的安全生产负责。应当设立安全生产管理机构，按规定配备专（兼）职安全生产管理人员，制定安全管理制度和操作规程。

c）　施工单位应当按照国家有关规定计列和使用安全生产费用。应当编制安全生产费用使用计划，专款专用，满足要求。

d）　电力建设工程开工前，施工单位应当开展现场查测，编制施工组织设计、施工方案和安全技术措施并按技术管理相关规定报建设单位、监理单位同意。实行工程总承包的，编制的施工组织设计、施工方案和安全技术措施在上报建设单位和监理单位前，应经工程总承包单位项目技术负责人审核。

分部分项工程施工前，施工单位负责项目管理的技术人员应当向作业人员进行安全技术交底，如实告知作业场所和工作岗位可能存在的风险因素、防范措施以及现场应急处置方案，并由双方签字确认；对复杂自然条件、复杂结构、技术难度大及危险性较大的分部分项工程须编制专项施工方案并附安全验算结果，必要时召开专家会议论证确认。

e）　施工单位应当定期组织施工现场安全检查和隐患排查治理，严格落实施工现场安全措施，杜绝违章指挥、违章作业、违反劳动纪律行为发生。

f）　施工单位应当对因电力建设工程施工可能造成损害和影响的毗邻建筑物、构筑物、地下管线、架空线缆、设施及周边环境采取专项防护措施。对施工现场出入口、通道口、孔洞口、邻近带电区、易燃易爆及危险化学品存放处等危险区域和部位采取防护措施并设置明显的安全警示标志。

g）　施工单位应当制定用火、用电、易燃易爆材料使用等消防安全管理制度，确定消防安全责任人，按规定设置消防通道、消防水源，配备消防设施和灭火器材。

h）　施工单位应当按照国家有关规定采购、租赁、验收、检测、发放、使用、维护和管理施工机械、特种设备，建立施工设备安全管理制度、安全操作规程及相应的管理台账和维保记录档案。

施工单位使用的特种设备应当是取得许可生产并经检验合格的特种设备。特种设备的登记标志、检测合格标志应当置于特种设备的显著位置。

安装、改造、修理特种设备的单位，应当具有国家规定的相应资质，在施工前按规定履行告知手续，施工过程按照相关规定接受监督检验。

i）　施工单位应当按照相关规定组织开展安全生产教育培

训工作。企业主要负责人、项目负责人、专职安全生产管理人员、特种作业人员需经培训合格后持证上岗，新入场人员应当按规定经过三级安全教育。

j）施工单位对电力建设工程进行调试、试运行前，应当按照法律法规和工程建设强制性标准，编制调试大纲、试验方案，对各项试验方案制定安全技术措施并严格实施。

k）施工单位应当根据电力建设工程施工特点、范围，制定应急救援预案、现场处置方案，对施工现场易发生事故的部位、环节进行监控。实行工程总承包的，由工程总承包单位组织分包单位开展应急管理工作。

7.2.4 监理单位安全生产责任

监理单位对电力建设工程的安全生产责任主要内容包括：

a）监理单位应当按照法律法规和工程建设强制性标准实施监理，履行电力建设工程安全生产管理的监理职责。监理单位资源配置应当满足工程监理要求，依据合同约定履行电力建设工程施工安全监理职责，确保安全生产监理与工程质量控制、工期控制、投资控制的同步实施。

b）监理单位应当建立健全安全监理工作制度，编制含有安全监理内容的监理规划和监理实施细则，明确监理人员安全职责以及相关工作安全监理措施和目标。

c）监理单位应当组织或参加各类安全检查活动，掌握现场安全生产动态，建立安全管理台账。重点审查、监督下列工作：

1) 按照工程建设强制性标准和安全生产标准及时组织审查施工组织设计中的安全技术措施和专项施工方案。

2) 审查和验证分包单位的资质文件和拟签订的分包合同、人员资质、安全协议。

3) 审查安全管理人员、特种作业人员、特种设备操作人员资格证明文件和主要施工机械、工器具、安全用具的安全性能证明文件是否符合国家有关标准，检查现场作业人员及设备配置是否满足安全施工的要求。

4) 对大中型起重机械、脚手架、跨越架、施工用电、危险品库房等重要施工设施投入使用前进行安全检查签证。土建交付安装、安装交付调试及整套启动等重大工序交接前进行安全检查签证。

5) 对工程关键部位、关键工序、特殊作业和危险作业进行旁站监理，对复杂自然条件、复杂结构、技术难度大及危险性较大分部分项工程专项施工方案的实施进行现场监理，监督交叉作业和工序交接中的安全施工措施的落实。

6) 监督施工单位安全生产费用的使用、安全教育培训情况。

7) 在实施监理过程中，发现存在生产安全事故隐患的，应当要求施工单位及时整改。情节严重的，应当要求施工单位暂时或部分停止施工，并及时报告建设单位。施工单位拒不整改或者不停止施工的，监理单位应当及时向国家能源局派出机构和政府有关部门报告。

7.3　主要岗位安全生产职责

7.3.1　建设单位主要负责人安全生产职责

建设单位主要负责人的安全职责如下：

a）　负责项目建设全过程的安全管理工作，是建设工程安全管理的第一责任人。

b）　建立健全本建设工程安全生产责任制。

c）　组织制定本工程项目安全生产管理制度并实施。

d）　组织制订并实施本单位安全生产教育和培训计划。

e）　组织审批项目监理、设计、施工单位编制的安全策划文件。

f）　组织开展项目安全生产标准化建设工作，审批项目安全生产费用使用计划并保障支付。

g）　审批工程项目分包计划及分包申请，检查施工分包安全管理工作，审定施工、监理承包商及分包队伍安全考核评价结果。

h）　组织开展项目安全管理体系运行情况检查，主持召开工程月度安全例会或专题协调会，协调解决安全管理工作中存在的问题。

i）　定期组织开展项目安全检查，督促整改事故隐患。

j） 组织开展项目施工安全风险评估及隐患排查治理工作。

k） 组织编制现场综合应急预案和专项应急预案并演练。

l） 及时如实上报生产安全事故，在权限范围内参加生产安全事故调查和处理工作。

7.3.2 建设单位安全管理人员安全生产职责

建设单位安全管理人员的安全生产职责如下：

a） 协助开展工程建设全过程的安全管理工作，督促落实安委会会议决定。

b） 编制或组织编制安全管理总体策划，并督促实施；审核项目监理、设计、施工单位编制的安全策划文件，并监督执行。

c） 组织或者参与安全生产教育和培训，如实记录安全生产教育和培训情况。

d） 审查施工分包单位资质和业绩，监督施工分包安全管理，考核评价施工、监理承包单位及分包单位安全管理工作。

e） 协助开展安全风险评估工作，督促落实安全风险控制措施。

f） 检查安全生产状况，及时排查生产安全事故隐患，提出改进安全生产管理的建议，督促落实安全生产整改措施。

g） 组织或者参与拟定安全生产事故应急预案。

h） 负责项目安全信息日常管理工作。

i） 配合项目生产安全事故的调查和处理工作。

7.3.3　监理单位总监理工程师安全生产职责

监理单位总监理工程师的安全生产职责如下：

a）　全面负责监理项目部安全管理工作。

b）　组织编制监理项目部安全策划文件，签发监理指令文件。

c）　组织审查施工单位报审的安全策划文件，并签署审查意见。

d）　组织审查施工分包单位资质，并签署审查意见，监督施工分包安全管理工作。

e）　组织审查施工单位人员资质，并签署审查意见。

f）　组织审查专项施工方案和专项安全技术措施，组织做好旁站监理。

g）　组织施工机械、工器具、安全防护用品进场审查。

h）　组织或参加安全例会，协调解决工程中存在的安全问题，提出工作改进建议和措施。

i）　参加或配合生产安全事故调查，督促责任单位落实整改措施。

7.3.4　监理单位安全监理工程师安全生产职责

监理单位安全监理工程师的安全生产职责如下：

a）　在总监理工程师的领导下负责建设工程安全监理的日常工作。

b）　协助总监理工程师做好安全监理策划工作，编写监理规划中的安全监理内容和安全监理工作方案。

c) 审查施工单位、分包单位的安全资质，审查项目经理、专职安全管理人员、特种作业人员的上岗资格，并在过程中检查其持证上岗情况，监督检查施工分包安全管理工作。

d) 参加项目施工组织设计和安全专项施工方案的审查。

e) 督促施工单位做好安全风险管控及隐患排查治理。

f) 参与专项施工方案的安全技术交底，旁站监督检查安全技术措施的落实。

g) 组织或参与安全例会和安全检查，督促并跟踪存在问题整改闭环，发现重大事故隐患及时向总监理工程师报告。

h) 审查安全生产费用使用计划。

i) 督促落实交叉作业和工序交接过程中的安全措施。

j) 负责安全监理工作资料的收集和整理。

k) 配合生产安全事故调查处理工作。

7.3.5 工程总承包单位主要负责人安全生产职责

工程总承包单位主要负责人的安全生产职责如下：

a) 全面负责工程总承包单位安全管理工作。

b) 建立健全本项目安全生产责任制。

c) 组织制订本项目安全生产管理制度并实施。

d) 组织制订并实施本项目安全生产教育和培训计划。

e) 组织编制工程总承包单位安全策划文件。

f) 组织审查施工单位报审的安全策划文件、人员资质、进场施工机械、工器具、安全防护用品、专项施工方案和专项安全技术措施，并签署审查意见。

g） 组织开展项目安全管理体系运行情况检查，主持召开项目月度安全例会或专题协调会，协调解决安全管理工作中存在的问题。

h） 定期组织开展项目安全检查，督促整改事故隐患。

i） 组织开展项目安全风险评估及隐患排查治理工作。

j） 组织制订并实施项目综合应急预案和专项应急预案并演练。

k） 及时、如实报告生产安全事故，在权限范围内参加生产安全事故调查和处理工作。

7.3.6 工程总承包单位安全管理人员安全生产职责

工程总承包单位安全管理人员的安全生产职责如下：

a） 协助项目经理做好安全生产管理工作，落实安全生产管理要求。

b） 组织或参与拟订本项目安全生产管理制度和生产安全事故应急救援预案。

c） 组织或者参与本项目安全生产教育和培训，如实记录安全生产教育和培训情况。

d） 编制项目安全管理策划文件，并组织实施；审查施工单位报审的安全策划文件，并监督执行。

e） 审查施工单位报审的安全资质、项目经理、专职安全管理人员、特种作业人员的资格证，监督、考核施工单位安全管理工作。

f） 参与审查施工单位的施工组织设计和安全专项施工方

案，督促施工单位项目部做好安全风险管控。

g）　检查本项目安全生产状况，及时排查生产安全事故隐患，提出改进安全生产管理的建议，督促落实安全生产整改措施。

h）　制止和纠正违章指挥、强令冒险作业、违反操作规程的行为。

i）　组织或者参与项目应急救援演练。

j）　负责项目安全信息日常管理工作。

k）　配合项目生产安全事故的调查和处理工作。

7.3.7　施工单位主要负责人安全生产职责

施工单位主要负责人的安全生产职责如下：

a）　全面负责本项目安全管理工作。

b）　贯彻执行安全生产法律法规、标准规范和上级单位、建设单位颁发的规章制度，并组织制定本项目安全生产规章制度和操作规程。

c）　组织建立安全管理体系，组织召开相关安全工作会议。

d）　组织确定安全生产目标，制定保证目标实现的具体措施，在确保安全的前提下组织施工，负责本单位全员安全生产责任的监督考核。

e）　组织制订并实施安全生产教育和培训计划。

f）　组织编制安全管理策划文件，并组织实施。

g）　负责组织对分包单位进场条件进行检查，对分包单位实行全过程安全管理。

h）　保证安全生产费用的有效实施。

i) 建立健全本单位安全生产风险分级管控和生产安全事故隐患排查制度,定期组织开展安全检查及生产安全事故隐患排查,及时消除事故隐患,实现闭环管理。

j) 负责组织完善重要工序、危险作业和特殊作业项目开工前应具备的安全生产条件。

k) 组织制定并实施本项目生产安全事故应急救援预案。

l) 及时报告生产安全事故、参与或配合生产安全事故调查处理工作。

7.3.8 施工单位技术负责人安全生产职责

施工单位技术负责人的安全生产职责如下:

a) 负责施工技术管理工作,审批安全施工作业票,组织编写专项施工方案、专项安全技术措施,组织安全技术交底并亲临现场指导。

b) 负责安全技术、安全操作规程的教育培训工作。

c) 参加安全检查,对施工中存在的事故隐患从技术上提出意见并予以解决。

d) 参与或配合生产安全事故调查处理工作。

e) 行使安全技术管理指挥和决策权,协助项目经理做好其他与安全相关的工作。

7.3.9 施工单位专(兼)职安全员安全生产职责

施工单位专(兼)职安全员的安全生产职责如下:

a) 协助项目经理做好安全生产管理工作,落实安全生产管理要求。

b） 组织或者参与安全生产教育和培训，如实记录安全生产教育和培训情况。

c） 参加安全技术措施交底，检查施工过程中安全技术措施落实情况。

d） 负责编制安全防护用品的需求计划并建立台账。

e） 检查安全生产状况，及时排查事故隐患，提出改进安全生产管理的建议，督促落实安全生产整改措施。

f） 复查分包单位资质和业绩，监督施工分包安全管理，参与考核评价分包单位安全管理工作。

g） 参与制订安全生产事故应急预案。

h） 有权制止违章作业和违章指挥，有权对违章者进行处罚，对严重危及人身安全的施工，有权停止施工。

i） 配合生产安全事故的调查和处理工作。

7.3.10　施工队（班组）长的安全生产职责

施工队（班组）长的安全生产职责如下：

a） 负责施工队（班组）日常安全管理工作，对施工队（班组）人员在施工过程中的安全与健康负直接管理责任。

b） 组织施工队（班组）人员进行安全学习，执行上级有关安全的标准规范、制度及安全施工措施，纠正并查处违章违纪行为。

c） 负责新进人员和变换工种人员上岗前的班组级安全教育，检查作业现场安全措施落实。

d） 组织每周安全活动，总结布置施工队（班组）安全工作，并作好安全活动记录。

e） 组织施工队（班组）人员开展风险识别，落实风险预控措施，负责分项工程开工前的安全生产条件检查确认。

f） 每天召开"站班会"，作业前检查作业场所的安全状况，督促施工队（班组）人员正确使用安全防护用品和用具。

g） 组织施工队（班组）人员进行作业前安全技术交底，并签字确认，不得安排未参加交底或未在交底书上签字的人员上岗作业。

7.3.11　施工人员安全生产职责

施工人员的安全职责如下：

a） 自觉遵守本岗位安全操作规程，不违章作业。

b） 正确使用安全防护用品、工器具，并在使用前进行外观完好性检查。

c） 参加作业前的安全技术交底并签字。

d） 作业前检查工作场所，落实安全防护措施，下班前及时清理作业场所。

e） 施工中发现安全隐患应妥善处理或向上级报告；在发生危及人身安全的紧急情况时，立即停止作业撤离危险区域或者在采取必要的应急措施后撤离危险区域。

f） 参加安全活动，积极提出改进安全工作的建议。

g） 对无安全施工措施、未经安全技术交底的，有权拒绝施工，并可越级报告。有权制止他人违章作业、违章指挥，对危及人身安全的施工，有权停止其作业。

h） 发生人身事故时应立即实施抢救措施，保护事故现场并及时报告。接受事故调查时应如实反映情况。

7.3.12　调试人员安全生产职责

施工阶段，调试人员安全生产职责参照施工单位人员安全生产职责执行。

8　安全生产管理制度

8.1　安全生产管理制度编制

8.1.1　基本要求

安全生产管理制度，是按照安全生产方针和"管生产必须管安全、谁主管谁负责"的原则，将各级负责人、各职能部门及其工作人员、各生产部门和各岗位生产工人在安全生产方面应做的事情及应负的责任加以明确规定的一种制度，是安全制度的核心，编制要求如下：

a) 参建单位应建立安全生产法律法规、标准规范的识别、获取制度，及时识别、获取适用的安全生产法律法规、标准规范。

b) 建设单位以外的其他参建单位依据国家有关安全生产的法律法规、标准规范及建设单位的安全生产管理制度要求，制定适合本项目的规章制度，使安全生产工作制度化、规范化、标准化。

c) 安全生产管理制度应包括工作内容、责任人（部门）的职责与权限、基本工作程序及标准等基本内容。

8.1.2　参建单位应建立的基本安全生产管理制度

a)　建设单位安全生产管理制度（包括但不限于）如下：

1）　安全生产委员会工作制度；

2）　安全生产责任制及承诺制度；

3）　安全教育培训制度；

4）　安全工作例会制度；

5）　分包安全管理制度；

6）　安全检查制度；

7）　安全风险分级管控制度；

8）　生产安全事故隐患排查治理制度；

9）　现场交通消防保卫管理制度；

10）　施工机械设备安全管理制度；

11）　安全生产奖惩制度；

12）　事故报告、调查、处理、统计管理制度；

13）　应急管理制度；

14）　建设工程安全生产费用管理制度；

15）　重大危险源管理制度；

b)　监理单位安全生产管理制度（包括但不限于）如下：

1）　安全生产责任制度及承诺制度；

2）　安全工作例会制度；

3）　危险性较大的分部分项安全监理实施细则；

4）　安全教育培训监理实施细则；

5）　施工机械设备安全监理实施细则；

6）　施工用电安全监理实施细则；

7） 旁站监督监理实施细则；

8） 隐患排查治理安全监理实施细则；

9） 脚手架安全监理实施细则；

10） 现场防火防爆安全监理实施细则；

11） 工程分包安全监理实施细则；

12） 应急管理实施细则；

13） 建设工程施工安全生产费用使用监督实施细则。

c） 施工单位安全生产管理制度（包括但不限于）如下：

1） 危险源辨识和风险评价控制管理制度；

2） 安全生产责任制度及承诺制度；

3） 安全教育培训制度；

4） 安全例会制度；

5） 分包安全管理制度；

6） 安全施工措施管理制度；

7） 危险性较大的分部分项工程安全管理制度；

8） 安全施工作业票管理制度；

9） 安全设施与防护用品管理制度；

10） 文明施工管理制度；

11） 施工机械设备安全管理制度；

12） 脚手架安全管理制度；

13） 临时用电安全管理制度；

14） 现场消防安全管理制度；

15） 现场交通安全管理制度；

16） 安全检查制度；

17） 生产安全事故隐患排查治理管理制度；

18) 安全奖惩管理制度；

19) 特种作业和特种设备作业人员管理制度；

20) 危险化学品安全管理制度；

21) 现场安全设施和防护用品管理制度；

22) 应急管理制度；

23) 职业卫生管理制度；

24) 事故报告、调查、处理、统计管理制度；

25) 环境保护管理制度；

26) 安全生产费用管理制度；

27) 班组安全活动制度。

d) 工程总承包单位安全生产管理制度（包括但不限于）如下：

1) 危险源辨识和风险评价控制管理制度；

2) 安全生产委员会工作制度；

3) 安全生产责任制及承诺制度；

4) 安全教育培训制度；

5) 安全例会制度；

6) 分包安全管理制度；

7) 安全施工措施管理制度；

8) 危险性较大的分部分项工程安全管理制度；

9) 文明施工管理制度；

10) 施工机械设备安全管理制度；

11) 脚手架安全管理制度；

12) 临时用电安全管理制度；

13) 现场消防安全管理制度；

14) 现场交通安全管理制度；

15) 安全检查制度；

16) 生产安全事故隐患排查治理制度；

17) 安全奖惩管理制度；

18) 特种作业人员管理制度；

19) 危险化学品安全管理制度；

20) 现场安全设施和防护用品管理制度；

21) 应急管理制度；

22) 职业卫生管理制度；

23) 事故报告、调查、处理、统计管理制度；

24) 环境保护管理制度。

其他内容应视开展工作内容制定必要的管理制度。

8.2 安全生产管理制度发布、宣传贯彻

8.2.1 安全生产管理制度应经过相关部门的评审，经项目安全第一责任人批准后发布实施，并及时传达到相关单位、部门、工作岗位，保证现场各单位人员能方便查询和学习。

8.2.2 施工单位应根据岗位、工种特点，引用或编制适用的安全操作规程，并发放到相关岗位。

8.2.3 各单位应专门组织相关人员对安全管理制度及安全操作规程进行学习和宣传贯彻。

8.3 安全生产管理制度评审和修订

8.3.1 建设工程参建单位应建立对安全管理制度进行定期评审和修订的机制。

8.3.2 参建单位应每年至少对安全生产法律法规、标准规范、规章制度、操作规程的执行情况和适用情况进行一次评审，并根据评审情况、安全检查反馈的问题、生产安全事故案例、绩效评定结果等，对安全生产管理规章制度和操作规程进行修订，确保其有效和适用。

9 安全生产目标管理

9.1 建设工程安全生产目标制订

9.1.1 建设单位应结合工程实际，制订工程安全生产目标和年度安全生产目标。勘察设计、施工、监理单位应有效分解建设单位制订的工程安全生产目标和年度安全生产目标。

9.1.2 安全生产目标应包含人员、机械设备、交通、火灾、环境、职业卫生等事故的指标。建设单位相关部门应根据工程安全生产目标和年度安全生产目标，制定相应的指标。

9.1.3 建设单位应与勘察设计、施工、监理单位签订年度安全生产目标责任书，实施分级控制。并应每年度对相关单位安全目标的完成情况进行考核、奖惩和总结，形成文件并保存。

9.2 其他参建单位安全生产管理指标的制订与发布

9.2.1 工程总承包、勘察设计、施工、监理单位应对工程年度安全生产目标制定安全生产管理指标和具体、可操作的保证措施，落实到部门、岗位。

9.2.2 工程总承包、勘察设计、施工、监理单位安全生产管理指标及保证措施应经本单位安委会讨论通过，经主要负责人审批后以文件的形式发布。

9.3 参建单位安全生产目标监督检查与考核

9.3.1 参建单位应定期组织对安全生产目标完成情况进行监督、检查与纠偏并保存有关记录。

9.3.2 参建单位应结合工程实际情况，严格落实安全生产目标保证措施并进行动态调整。

9.3.3 参建单位应对安全生产目标完成情况进行评估与考核。评估报告应形成文件并保存。

10 安全生产教育培训

10.1 安全生产教育培训的基本要求

10.1.1 参建单位应明确安全教育培训主管部门或责任人，定期识别安全教育培训需求，制订、实施安全教育培训计划，有相应的资源保证。

10.1.2 参建单位应做好安全教育培训记录，建立安全教育培训台账，实施分级管理，并对培训效果进行验证、评估和改进。

10.1.3 建设单位或工程总承包单位宜建立工程现场安全教育室，运用各种形式，进行有针对性、形象化的教育、培训活动，加强企业安全文化建设，提高职工的安全意识和自我防护能力。

10.1.4 参建单位应在工程开工前、停建（三个月及以上）工程复工前和每年年初,组织参加施工活动的全体人员进行一次安全工作标准规范、制度的学习。

10.2 主要负责人和安全生产管理人员安全生产教育培训的基本要求

10.2.1 参建单位主要负责人和安全生产管理人员应具备相应的安全生产知识和管理能力并考核合格。

10.2.2 参建单位应定期开展管理人员、技术人员的安全教育培训，加强专业技术和本质安全方面的培训。

10.3 从业人员安全生产教育培训的基本要求

10.3.1 参建单位应定期对从业人员进行与其所从事岗位相应的安全教育培训，确保从业人员具备必要安全生产知识，掌握安全操作技能，熟悉安全生产规章制度和操作规程，了解事故应急处理措施。

10.3.2 参建单位从业人员调整工作岗位或者采用（使用）新工艺、新技术、新设备、新材料的，应当对其进行专门的安全培训。发生负有主要责任的人身伤亡事故的，应当制订专门计划对相关负责人和安全生产管理人员等开展安全生产再培训。

10.3.3 工作票签发人、工作负责人、工作许可人须经安全培训、考试合格并公布。

10.3.4 新入场人员在上岗前，必须经过岗前安全教育培训，经考试合格后方可上岗，培训时间不得少于 72 学时，每年再培训时间不得少于 20 小时，培训内容应符合国家及行业有关规定，并保存完善的建设工程项目安全教育培训记录。

10.3.5　参建单位应将分包单位作业人员、劳务派遣人员、实习人员等纳入本单位从业人员统一管理,对其进行岗位安全操作规程和安全操作技能教育培训。

10.3.6　特种作业人员和特种设备操作人员应按有关规定接受专门的培训,经考核合格并取得有效资格证书后,方可上岗作业,并定期进行资格审查。

10.4　安全生产教育培训的监督检查

10.4.1　建设单位应定期对施工、监理单位的安全教育培训情况进行监督检查。实行工程总承包的,工程总承包单位应定期对所属分包单位的安全教育培训情况进行监督检查。

10.4.2　施工单位应将劳务分包单位人员的安全教育培训纳入本单位的教育培训管理,组织进行入场三级安全教育培训和日常的安全教育培训。定期对专业分包单位的安全教育培训情况进行监督检查。

10.4.3　监理单位应对施工单位安全教育培训的费用投入与使用情况、年度教育培训计划的完成情况进行监督检查。

11　安全生产费用

11.1　基本要求

电力建设工程施工参建单位应当按照规定提取和使用安全

生产费用，专门用于改善安全生产条件。安全生产费用在成本中据实列支。

参建单位应明确安全生产费用的申请、审核审批、支付、使用、统计、分析、检查等工作要求，明确使用管理程序、职责及权限等，确保按规定足额使用安全生产费用。

11.2　安全生产费用的使用范围

11.2.1　完善、改造和维护安全防护设施、设备支出（不含"三同时"要求初期投入的安全设施），包括施工现场临时用电系统、洞口、临边、施工机械设备（设施）、高处作业防护、交叉作业防护、防火、防爆、防尘、防毒、防雷、防台风、防地质灾害、地下工程有害气体监测、通风、临时安全防护等设施设备支出；

11.2.2　配备、维护、保养应急救援器材、设备支出和应急演练支出；

11.2.3　开展重大危险源和事故隐患评估、监控和整改支出；

11.2.4　安全生产检查、评价（不包括新建、改建、扩建项目安全评价）、咨询和标准化建设支出；

11.2.5　配备和更新现场作业人员安全防护用品支出；

11.2.6　安全生产宣传、教育、培训支出；

11.2.7　安全生产适用的新技术、新标准、新工艺、新装备的推广应用支出；

11.2.8　安全设施及特种设备检测检验支出；

11.2.9　其他与安全生产直接相关的支出。

11.3 安全生产费用的计取

11.3.1 建设单位在电力建设工程项目招标文件中应编制安全生产费用项目清单，工程概算中应当单独计列安全生产费用，不得在电力建设工程投标中列入竞争性报价。

11.3.2 建设单位、工程总承包单位在工程施工合同中应明确安全生产费用金额、预付支付计划、使用要求、调整方式、支付方式等；对安全生产有其他特殊要求、需增加安全生产费用的，应在招标文件中说明，并列入安全生产费用项目清单。

11.3.3 设计单位在编制工程概算时，应按有关规定计列建设工程环境保护费、安全施工措施费和安全生产费用。对于因设计变更等因素造成工程量增加的，建设单位应当补充相应的安全生产费用。

11.3.4 施工单位应依据《企业安全生产费用提取和使用管理办法》（财企〔2012〕16号）的规定单独计列和提取安全生产费用。

11.3.5 实行专业分包的，分包合同中应明确分包项目的安全生产费用，由发包单位支付并监督使用。

11.4 安全生产费用使用

11.4.1 建设单位根据建设工程进展情况，对施工单位安全生产费用的使用情况进行监督。

11.4.2 监理单位应根据建设工程进展情况，对施工单位安全生产费用使用情况进行现场验证、计量和审核。

11.4.3 施工单位应编制工程项目安全生产费用使用计划，报监理单位审查、建设单位批准后实施。计划调整时，应履行审批手续。实行工程总承包的，施工单位有关安全生产费用报批文件上报建设单位和监理单位前，应经工程总承包单位审批。

11.4.4 施工单位应建立安全生产费用使用审批程序，保证安全生产费用投入，专户核算、专款专用，并建立安全生产费用使用管理台账。

11.5 安全生产费用使用管理的监督检查

11.5.1 建设单位每季度应对施工单位安全生产费用使用计划、安全生产费用使用落实情况进行检查，将检查情况进行通报，对虚报、假报安全生产费用的责任单位按照合同约定进行处理。

11.5.2 监理单位应对施工（或工程总承包）单位落实安全生产费用情况进行监督，并对施工单位（或工程总承包单位）安全生产费用使用情况进行通报。

11.5.3 施工单位应定期组织对本单位（包括分包单位）安全生产费用使用情况进行监督检查，对存在的问题进行整改。

11.5.4 实行工程总承包的，建设单位应及时拨付安全生产费用并监督使用。工程总承包单位对安全生产费用的使用负总责，分包单位对所承包工程的安全生产费用的使用负直接责任。

工程总承包单位应当定期检查评价分包单位施工现场安全生产情况和安全生产费用使用情况。

11.5.5 参建单位应定期以适当的方式披露安全生产费用提取和使用情况。

12 施工安全技术管理

12.1 基本要求

施工安全技术管理是施工技术管理的组成部分,是指为保证安全技术措施和专项施工方案有效实施所采取的组织、协调等活动,具体包括危险源识别,风险评估,安全技术措施和专项方案的编制、审核、交底、开工条件确认、过程监督、验收、检查、改进以及安全技术文件管理等工作内容。

12.2 一般要求

12.2.1 施工组织总设计的编、审、批要求如下:

a) 施工组织总设计应由建设单位组织编制,建设单位相关部门审核,技术负责人批准。

b) 实行工程总承包的,由工程总承包单位负责人组织编制,工程总承包单位相关部门审核,建设单位技术负责人批准。

12.2.2 电力建设工程所在区域存在自然灾害或电力建设活动可能引发地质灾害风险时,勘察设计单位应当制定相应专项安全技术措施,并向建设单位提出灾害防治方案建议,并监控基础开挖、洞室开挖、水下作业等危险作业的地质条件变化情况,及时调整设计方案和安全技术措施。

12.2.3 对于采用新技术、新工艺、新流程、新设备、新材料和特殊结构的建设工程,勘察设计单位应当在设计文件中提出保障施工作业人员安全和预防生产安全事故的措施建议。不符合现行相关安全技术规范或标准规定的，应当提请建设单位组织专题技术论证并确认。

12.2.4　勘察设计单位应当考虑施工安全操作和防护的需要，在设计文件中注明涉及施工安全的重点部位和环节，并对防范生产安全事故提出指导意见。工程开工前，应当向参建单位进行技术和安全交底，说明设计意图；施工过程中，对不能满足安全生产要求的设计，应当及时变更。

12.2.5　监理单位应组织监理人员熟悉设计文件，参加施工图纸会审，对图纸会审纪要进行签发，督促相关单位落实纪要内容。

12.2.6　施工单位应设立工程技术管理部门，制定安全技术管理制度，配备满足需要、具有安全技术管理技能的专业技术人员。

12.2.7　施工单位应依据工程建设有关的法律法规、国家现行有关标准、工程设计文件、工程施工合同或招标投标文件、工程场地条件和周边环境、与工程有关的资源供应情况、施工技术、施工工艺、材料、设备等编制施工技术文件。编制施工技术文件时，应包含安全技术内容或单独编制安全技术文件。

12.2.8　标段施工组织设计和专项施工方案的编、审、批要求。

　　a）　施工组织设计应根据施工组织总设计的相关要求，由施工单位项目负责人组织编制，施工单位本部相关部门审核，技术负责人批准。

　　b）　专项施工方案应由施工单位项目部技术负责人组织编写，施工单位本部相关部门审核（超过一定规模的危险性较大的分部分项工程专项方案应由施工单位组织符合专业要求的专家论证），技术负责人批准。

12.2.9 工程实施阶段，建设单位应开展阶段性验收评估，对项目安全技术管理实际运行情况及管理状况进行检测、检查，查找存在的问题，提出合理可靠的安全技术调整方案和安全管理对策。

12.2.10 参建单位应对安全技术文件建档、归档，并及时向有关单位传递；建档文件的内容应真实、准确、完整，并应与建设工程安全技术管理活动实际相符合，手续齐全。

施工（或工程总承包）单位施工安全技术文件的归档目录，由监理单位以正式文件予以明确。

12.3 施工组织设计中安全技术专篇的编制

12.3.1 施工组织总设计（或标段施工组织设计）应包含安全技术措施专篇（安全技术计划）。安全技术措施专篇（安全技术计划）应包括以下内容（包括但不限于）：

a) 项目安全目标。

b) 建立有管理层次的项目安全管理组织机构，明确职责。

c) 根据项目特点进行安全和职业卫生方面的资源配置。

d) 建立具有针对性的安全生产管理制度。

e) 风险分析评价、安全技术控制、安全技术监测与预警、应急救援、安全技术管理。

f) 对达到一定规模的危险性较大的分部分项工程和高风险作业应制订专项安全技术措施的编制计划。

g) 根据季节、气候的变化，制定相应的季节性安全施工措施。

12.3.2 安全技术专篇可以单独编制、报审，也可以在施工组织设计中独立成章，与施工组织设计同时报审。

在建设工程实施过程中，如实际情况或条件发生重大变化，需要调整时，按报审流程重新审批。

12.4 专项施工方案管理

12.4.1 建设单位应建立和制定安全风险分级管控制度，根据风险等级组织编制危险性较大的分部分项工程清单并发布。

电力建设工程施工现场常见的危险性较大的分部分项工程清单参见附录 A、B。

12.4.2 勘察设计单位在可行性研究阶段应对涉及电力建设工程安全的重大问题进行分析和评价，初步设计应当提出相应的专项方案和安全防护措施。

12.4.3 监理单位应针对本导则附录 A、B 所列的危险性较大的分部分项工程清单，编制监理实施细则。

12.4.4 施工单位应在施工前，应参照本导则附录 A、B 所列的危险性较大的分部分项工程清单进行识别，建立相应的危险性较大的分部分项工程清单，并报建设单位、监理单位确认、备案，依据清单编制相应的专项施工方案。

实行工程总承包的，危险性较大的分部分项工程清单在上报建设单位和监理单位前，应经总承包单位技术负责人审核确认。

12.4.5 施工单位应当在危险性较大的分部分项工程施工前编制专项施工方案。专项施工方案应包括下列基本内容（包括但不限于）：

a) 工程概况：危险性较大的工程概况和特点、施工平面布置、施工要求和技术保证条件。

b）　编制依据：相关法律、法规、规范性文件、标准、规范
　　　及施工图设计文件、施工组织设计等。

c）　施工计划：包括施工进度计划、材料与设备计划。

d）　施工工艺技术：技术参数、工艺流程、施工方法、操作
　　　要求、检查要求等。

e）　施工安全保证措施：组织保障措施、技术措施、监测监
　　　控措施等。

f）　施工管理及作业人员配备和分工：施工管理人员、专
　　　职安全生产管理人员、特种作业人员、其他作业人
　　　员等。

g）　验收要求：验收标准、验收程序、验收内容、验收人
　　　员等。

h）　应急处置措施。

i）　计算书及相关施工图纸。

12.4.6 专项施工方案由施工单位审核合格后报监理单位，经专
业监理工程师审查后，由总监理工程师审核并签署意见后，报建
设单位批准。

实行工程总承包的，专项施工方案上报监理单位前，应经工
程总承包单位技术负责人审核。

12.4.7 超过一定规模的危险性较大的分部分项工程专项施工
方案，由施工单位组织召开审查论证会（审查论证会前专项施工
方案应通过施工单位审核和总监理工程师审查）。

审查论证会由下列人员参加：

a）　专家组成员。

b）　建设单位项目主要负责人或技术负责人。

c）　监理单位项目总监理工程师及相关人员。

d）　工程总承包单位项目负责人或项目技术负责人及相关人员。

e）　施工单位本部分管安全的负责人、技术负责人及项目负责人、技术负责人、专项方案编制人员、专职安全生产管理人员。

f）　勘察设计单位相关人员。

专家组成员应当由 5 名及以上符合专业要求且持有专家证明的专家组成。本项目参建各方的人员不得以专家身份参加审查论证会。

12.4.8　专项施工方案审查论证会应就以下主要内容进行审查论证，并提交论证报告。

a）　专项施工方案审核、审批程序的规范性。

b）　专项施工方案是否满足现场实际情况，计算书是否符合有关标准、规范。

c）　专项施工方案是否贯彻了强制性标准条款。

d）　专项施工方案的技术、安全管理措施是否充分、合理。

e）　监测、检查要求与专项施工方案的适应性。

f）　潜在事故风险的确定及特征分析，应急预案的适宜性、可行性。

g）　修改完善专项施工方案的建议。

专家论证会后，应当形成论证报告，对专项施工方案提出通过、修改后通过或者不通过的一致意见。专家对论证报告负责并签字确认。

　　超过一定规模的危险性较大的分部分项工程专项施工方案经专家论证后结论为"通过"的，施工单位可参考专家意见自行修改完善；结论为"修改后通过"的，专家意见要明确具体修改内容，施工单位应当按照专家意见进行修改。

12.4.9　施工单位应当根据论证报告修改完善专项施工方案，经施工单位本部技术负责人、监理单位总监理工程师、建设单位技术负责人审核签字后，方可组织实施。

　　实行工程总承包的，专项施工方案报监理单位和建设单位前，应经工程总承包单位本部技术负责人审核签字。

12.4.10　施工单位应严格按照专项施工方案组织实施，不得擅自修改、调整，并明确专人对专项施工方案的实施进行指导。

12.4.11　专项施工方案如因设计、结构、外部环境等因素发生变化确需修改的，应征得建设单位、监理单位同意，修改后的专项施工方案应当重新审核。对于超过一定规模的危险性较大的分部分项工程的专项施工方案，施工单位应重新组织专家进行论证。

12.4.12　监理单位应结合专项施工方案，编制监理实施细则，并对危险性较大的分部分项工程实施专项巡视检查。

12.4.13　危险性较大的分部分项工程完成后，监理单位应组织有关人员进行验收。验收合格的，经施工单位技术负责人、工程总承包单位负责人或技术负责人及总监理工程师签字后，方可进行后续工程施工。

12.4.14　监理单位发现未按专项施工方案实施的，应责令整改；施工单位拒不整改的，监理单位应及时向建设单位报告；建设单位接到监理单位报告后，应立即责令施工单位停工整改；施工单位仍不停工整改的，建设单位应及时向当地人民政府能源主管部门、工程建设主管单位和国家能源局或其派出机构报告。

12.5 安全技术措施编制要求

12.5.1 安全技术措施由施工单位工程技术人员在施工准备阶段编写。施工单位技术负责人对管理范围的安全技术措施编制工作负责。

施工现场常见需要编制安全技术措施的作业项目清单参见附录 C 中重要临时设施、重要施工工序、特殊作业项目、危险作业项目。

12.5.2 编写人员必须到现场勘测，掌握现场施工条件。安全技术专项措施应符合工程设计文件的规定。

12.5.3 安全技术措施应包括施工概况、工艺技术及要求（技术参数、工艺流程、施工方法、检查验收等）、质量技术要求、安全保证措施（组织保障、技术措施、应急预案、监测监控等）、环境卫生要求等内容。

12.5.4 工艺技术要求、质量技术要求、安全保证措施、环境卫生要求等内容应有针对性、可操作性，满足风险控制需要，符合技术规范强制性条文要求。

12.5.5 当施工条件发生变化，安全技术措施不能满足安全生产需要时，应按程序重新编制或更新安全技术措施。

12.5.6 安全技术措施在实施前必须经审核审批并进行交底。需要论证的安全技术措施应按规定要求进行论证。

12.6　安全技术交底的内容和方式

12.6.1　建设单位应在工程开工前，组织其他参建单位就落实项目保证安全生产的措施、方案进行全面系统的布置、交底，明确各方的安全生产责任，并形成会议纪要；同时组织勘察设计单位就工程的外部环境、工程地质、水文条件对工程的施工安全可能构成的影响，工程施工对当地环境安全可能造成的影响，以及工程主体结构和关键部位的施工安全注意事项等进行设计交底。实行工程总承包的，工程总承包单位应在工程开工前，组织分包单位就落实项目保证安全生产的措施、方案、安全管理要求等，进行全面系统的布置、交底，明确各方的安全生产责任，并形成会议纪要。

12.6.2　施工单位应依据国家有关安全生产的法律法规、标准规范的要求和工程设计文件、施工组织设计、安全技术计划和安全技术专篇（安全技术计划）、专项施工方案、安全技术措施等安全技术管理文件的要求进行安全技术交底。并明确安全技术交底分级的原则、内容、方法及确认手续。

　　安全技术交底的内容应包括：工程项目和分部分项工程的概况、施工工程中的危险部位和环节及可能导致生产安全施工的因素、针对危险因素的具体预防措施、作业中应遵守的安全操作规程及相应的安全注意事项、作业人员发现事故隐患应采取的措施、发生事故后应及时采取的避险和救援措施。

12.6.3　危险性较大的分部分项工程专项施工方案实施前，编制人员或技术负责人应当向现场管理人员和作业人员进行安全技术交底。

12.6.4 施工作业前班组长应向作业人员进行作业内容、作业环境、作业风险及措施的安全交底。

12.6.5 施工过程中，施工条件或作业环境发生变化的，应补充交底；连续施工超过一个月或不连续重复施工的，应重新交底。

专职安全管理人员应对安全技术交底情况进行监督检查，应对发现的问题提出整改要求，并督促整改。

12.6.6 安全技术交底应按照相关技术文件要求进行。交底应有书面记录，交底双方应签字确认，交底资料应由交底双方及安全管理部门留存。

12.7 安全技术管理监督检查

12.7.1 施工单位应定期组织对本单位和分包单位安全技术交底与执行情况以及相应的文件记录进行监督检查。

12.7.2 建设单位、监理单位、工程总承包单位应当定期组织对施工单位的专项施工方案、安全技术措施的交底与执行情况以及相应的文件记录进行监督检查。

12.7.3 参建单位应对安全技术文件分类管理，并按行业有关标准要求落实建档、归档工作。

13 施工机械设备安全管理

13.1 施工机械设备基础管理

13.1.1 管理机构设置与人员配备

参建单位施工机械设备管理机构设置与人员配备应遵循以

下基本要求：

a）　建设单位应明确施工机械设备管理的责任部门或责任人。

b）　监理单位应根据工程规模和施工机械设备数量设置相适应的施工机械设备专（兼）职监理工程师，履行对施工机械设备的监督职责。

c）　施工单位应根据其承建工程规模和施工现场使用施工机械设备数量，明确机械管理部门或配备符合任职条件的施工机械设备专（兼）职管理人员，并建立施工机械设备安全管理体系。

实行工程总承包的，工程总承包单位应设置或明确施工机械设备管理的责任部门或责任人，并组织建立建设工程施工机械设备安全管理网络。

管理部门或管理人员设置应符合下列要求：

1）　火电、水电、风电建设工程，凡工程施工吊装中使用起重机械5台及以上的或工程合同价达到5千万元及以上的应设置机械管理部门，使用起重机械5台以下的或工程合同价未达到 5 千万元的应设置专职管理人员。

2）　输变电项目施工单位应根据施工机械的数量配备专（兼）职管理人员。

d）　特种设备专职安全管理及作业人员的配备与培训应符合国家现行有关规定。

13.1.2　制度建设与档案管理

13.1.2.1　建设单位、监理单位和施工单位应根据施工机械设备有关法律法规、标准规范的要求，建立施工机械设备安全管理制度（常用的施工机械设备分类参见附录 D）。

管理制度应至少包括以下内容：

a）　管理部门及相关人员岗位职责。

b）　进退场管理。

c）　租赁管理。

d）　起重机械作业人员和安拆队伍进场申报审查登记。

e）　安拆施工方案（或作业指导书）编、审、批流程与安拆监督管理。

f）　经常性维护保养、定期自行检查、检修和有关记录。

g）　管理人员和作业人员培训与管理。

h）　危险作业控制与隐患排查治理。

i）　档案管理。

13.1.2.2　施工单位应根据施工机械设备的特点和作业过程中存在的安全风险等，制定、发布安全操作规程。安全操作规程至少应包括设备参数、操作程序和方法、维护保养要求、安全注意事项、巡回检查和异常情况处置规定。

13.1.2.3　施工单位应建立完善的施工机械设备管理台账和管理档案。台账应明确机械设备来源、类型、数量、技术性能、使用年限、使用地点、状态、责任人等信息，并向工程总承包单位、监理单位和建设单位报备。

大中型机械设备管理档案至少应包括：验收（检验）资料；安全附件、安全保护装置、测量调控装置及有关附属仪器仪表的日常维护保养记录；设备运行故障和事故记录；交接班记录、运转记录、定期自行检查记录等。

特种设备安全技术档案至少应包括：使用登记证；特种设备使用登记表；特种设备设计、制造技术资料和文件，包括设计文件、产品质量合格证明（含合格证及其数据表、质量证明书）、安装及使用维护保养说明；特种设备安装、改造和修理的方案、图样、材料质量证明书和施工质量证明文件、安装改造修理监督检验报告、验收报告等技术资料；特种设备定期自行检查记录和定期检验报告；特种设备日常使用状况记录；特种设备及其附属仪器仪表维护保养记录；特种设备安全附件和安全保护装置校验、检修、变更记录和有关报告；特种设备运行故障和事故记录及事故处理报告。

13.2 施工机械设备运行管理

13.2.1 进出场管理

13.2.1.1 施工单位应当根据施工机械设备的载荷状态和施工现场工作环境，选择适应使用条件要求的施工机械设备。

13.2.1.2 施工机械设备整机进入施工现场后、投入使用前，施工单位应对整机的安全技术状况进行检查，检查合格后经监理单位复检确认后方可投入使用。特种设备还应经特种设备检验机构检测合格。

13.2.1.3 待安装的施工机械设备进入现场后、安装之前，施工单位应对施工机械设备散件的安全技术状况进行检查。

13.2.1.4 租赁的机械设备进场时，由施工单位对设备技术、安全状况以及出厂合格证，相应的安全使用证、技术资料、设备操作人员的作业资格证书等进行检查验收。对于国家强制要求需定期进行检验的特种设备，需出租方提供有效的检测报告和证明，符合要求才能准予进场。

13.2.1.5 实行工程总承包的，工程总承包单位应对施工单位的施工机械设备入厂检验情况进行审查，并报送监理单位统一进行确认。

13.2.1.6 监理单位应对进场施工机械设备的基本状况进行检查，编制基本情况报告，并报建设单位备案。

13.2.1.7 施工机械设备退场前应报告监理单位，办理退场手续。

13.2.2 安装与拆除

13.2.2.1 施工机械设备安装前，安装单位应审核设备的制造许可证、产品质量合格证明、安装及使用维护说明、监督检验证明、定期检验证明等文件。

特种设备安装前应向当地特种设备监督管理部门办理告知手续。

13.2.2.2 特种设备安装、拆除单位应具有相应资质；安装、拆除作业人员应具备相应的能力和资格。

13.2.2.3 对外委托安装、拆除施工机械设备，设备使用单位应和安装单位签订施工合同和安全协议，明确双方的安全责任。

13.2.2.4 施工机械设备安装、拆除应编制专项施工方案（或作业指导书），内容及审批程序符合要求，作业前应组织相关作业人员进行安全技术交底。施工过程中，不得随意变更施工方案。凡因故确需变更的，必须按规定审批程序进行。

13.2.2.5 安装、拆除施工辅助设施，如脚手架、悬挂平台、爬梯等必须安全可靠,高空作业安全防护设施应根据现场实际需要完善。

13.2.2.6 大型起重机械安装前,应对道轨或基础（路基）进行检查验收,合格后方可安装。

13.2.2.7 安装、拆除现场危险区域要进行有效隔离,警示标识应清晰可见。

13.2.2.8 监理单位应对安装、试验、拆除等关键环节进行旁站监理。

13.2.2.9 安装、拆除单位本部技术负责人,应对安装、拆除的关键工序进行现场指导。

13.2.2.10 施工机械设备安装后,安装单位应按照安全技术规范及说明书的有关要求,进行自检、调试和相关试验（试验项目应保持与本机说明书的要求一致）,并出具自检报告书。

特种设备经自检合格后,应向当地监督检验机构申请检验,取得检验合格证后方可合法使用。

13.2.2.11 起重设备试运转前,应按下列要求进行检查:

　　a) 液压系统、变速箱、各润滑点及运动机构,所有润滑油的性能、规格和数量应符合随机技术文件的规定。

　　b) 制动器、超速限速保护、超电压及欠电压保护、过电流保护装置等,应按随机技术文件的要求调整和整定。

　　c) 限位装置、电器装置、联锁装置和紧急断电装置,应灵敏、正确、可靠。

　　d) 电动机的运转方向、手轮、手柄、按钮和控制器的操作指示方向,应与机构的运动及动作的实际方向要求相一致。

e） 钢丝绳端的固定及其在取物装置、滑轮组合卷筒上的缠绕，应正确可靠。

f） 缓冲器、车挡、夹轨器、锚定装置等应安装正确、动作灵敏、安全可靠。

13.2.2.12 起重设备经过空载运转、负荷试车，各项指标达到要求，验收合格后，可投入正常使用，未调试完毕不得投入正常使用。

13.2.2.13 监理单位应对施工机械设备调试过程进行巡视和检查，对重要部位、重要工序、重要时刻和隐蔽工程进行现场旁站监督。

13.2.2.14 施工机械设备的拆除，由原安装单位或有资质的单位按机械设备拆除方案进行。

13.2.3 使用管理

13.2.3.1 施工机械设备的安全使用遵循"谁使用、谁负责"的原则，使用单位对施工机械设备的安全使用负主体责任。

13.2.3.2 施工机械设备操作人员必须经过技术培训，按规定持证上岗，入场时应确认证件有效并保存其复印件，并向监理单位报备，进行动态管理。

特种设备作业人员必须经用人单位的法定代表人或其授权人雇（聘）用后，方可在许可范围内作业。

13.2.3.3 大型起重机械应定人定机，运行必须严格执行交接班制度，填好交接班记录并签字。

13.2.3.4 施工机械设备必须按照出厂使用说明书规定的技术性能、承载能力和使用条件，正确操作，合理使用。

13.2.3.5 起重机械使用过程中需要顶升或附着的，应当委托原安装单位或有相应资质的安装单位按专项施工方案（或作业指导书）实施。

13.2.3.6 特种设备使用单位应根据不同施工阶段、周围环境以及季节、气候的变化，对起重机械采取相应的安全防护措施。

13.2.3.7 施工机械设备的使用单位应确保金属结构、运行机构、电气控制系统无缺陷，安全保护装置和安全信息装置齐全有效。

13.2.3.8 施工机械设备的防护罩、盖板、梯子护栏等安全防护设施应完备可靠。

13.2.3.9 施工机械设备应干净整洁，悬挂标识牌、检验合格证，明示机械设备（设施）负责人及安全操作规程。

13.2.3.10 设备基础应进行验收确保符合技术文件要求，并定期检验。

13.2.3.11 设备运行范围内应无障碍物，满足安全运行要求。

13.2.3.12 施工机械设备应接地可靠，接地电阻值符合要求。

13.2.3.13 在施工机械设备产生对人体有害的气体、液体、尘埃、渣滓、放射性射线、振动、噪声等场所，应配置相应的安全保护设备、监测设备（仪器）、废品处理装置；在隧道、沉井、管道基础施工中，应采取措施，使有害物控制在规定的限度内。

13.2.3.14 两台及以上机械在同一区域使用，可能发生碰撞时，应制定相应安全措施，并对相关人员进行交底。

13.2.3.15 施工单位应制定施工机械设备事故专项应急预案及相应的现场处置方案，并定期进行应急演练。

13.2.3.16 施工机械设备发生事故应按规定要求及时向相关部

门报告，特种设备发生事故同时应向当地质量技术监督部门
报告。

13.2.4　维修保养

13.2.4.1　施工单位应编制施工机械设备的维修保养计划，完善
机械设备维修保养办法，明确日常检测、保养、检查、维修作业
程序，并严格实施。

13.2.4.2　电气设备（设施）维修保养必须严格执行电气安全技
术规程的有关规定。

13.2.4.3　在易燃、易爆区域内维修保养时，不得使用能产生火
花的工具敲打、拆卸机械设备，临时用电设施或照明，必须符合
电气防爆安全技术要求。

13.2.4.4　凡进入有毒、有害部位进行维修保养作业，在采取有
效防护措施后，方可进行维修保养作业。

13.2.4.5　机械设备维修保养完成后，应按检修质量标准进行验
收。大型设备在部分维修保养完成后，应及时进行中间验收，以
确保整个维修保养工作的质量。

维修保养过程中要做好记录，维修保养工作结束要进行记录
整理、完善技术档案。

13.2.4.6　设备的大修或改造必须由具有相应资质的单位进行，
大修或改造完成后，必须由相关机构进行检测检验，合格后方可
投入运行。

13.2.4.7　停用一个月以上或封存的机械，应认真做好停用或
封存前的保养工作，并应采取预防风沙、雨淋、水泡、锈蚀
等措施。

13.2.5 危险作业控制

13.2.5.1 施工单位应根据工程项目的自然环境、地理位置、气候状况及所投入的施工机械设备、人员的配置等情况，进一步识别大型施工设备、设施的安装、调试、验收、使用、顶升、维修、拆除危险源（点），确定风险等级，并编制相应的专项方案（控制措施）。

13.2.5.2 对超过一定规模的危险性较大的施工机械设备专项方案应由施工单位组织召开专家论证会。

13.2.5.3 起重机械作业过程中，凡属下列情况之一者（包括但不限于），施工项目负责人、技术人员、安监人员以及专业监理工程师必须在场监督，并办理安全施工作业票，否则不得施工：

    a）起重机械负荷试验。

    b）重量达到起重机械额定负荷的90％及以上。

    c）两台及以上起重机械联合作业。

    d）起吊精密物件、不易吊装的大件或在复杂场所进行大件吊装。

    e）起重机械在架空导线下方或距带电体较近时。

    f）爆炸品、危险品起吊时。

13.2.6 租赁管理

13.2.6.1 施工单位应将外租施工机械设备以及分包单位的施工机械设备纳入到其施工机械设备安全管理体系中，实行统一管理。

13.2.6.2 租赁施工机械设备时必须签订租赁合同和安全协议，明确出租方提供的施工机械设备应符合国家相关的技术标准和安全使用条件，确定双方的安全责任及运输、安装、报检取证、使用（指挥、操作）、维修保养、拆卸等工作的安全要求，要有相应责任追究的条款。特种设备出租方应出具特种设备制造许可证、产品合格证、备案证明和自检合格证明，提交安装使用说明书。

13.2.6.3 租赁的起重机械随机操作人员，应具有相应的资格证书，并经现场考试合格，接受承租方的管理。

13.2.6.4 不得租赁或出租国家明令淘汰或者禁止使用的、超过安全技术标准或者制造厂家规定的使用年限的、经检验达不到安全技术标准规定的、没有完整安全技术档案的、没有齐全有效的安全保护装置的施工机械设备。

13.2.7 使用登记与检验

13.2.7.1 特种设备使用单位应当在特种设备投入使用前或者投入使用后 30 日内，向负责特种设备安全监督管理的部门办理使用登记，取得使用登记证书。登记标志应当置于该特种设备的显著位置。

13.2.7.2 特种设备停用 3 个月以上，再次使用前，使用单位应当对其进行全面检查，消除安全隐患后方可使用。停止使用 1 年以上的特种设备，再次使用前，如果超过定期检验有效期的，应按定期检验的有关规定进行检验，合格后方可投入使用。

13.2.7.3 对国家规定实行定期检验的特种设备应在检验合格有

效期届满前 1 个月向检验机构申报并接受检验。超过定期检验或者检验不合格的特种设备，不得继续使用。

特种设备的安全附件、安全保护装置应进行定期校验。

特种设备的检验周期应符合国家现行规程、规范要求。

13.2.7.4　标准或者技术规范、规程标定有使用期限要求的施工机械设备或零部件，应当按照相应要求到期予以报废，并退出施工现场。特种设备报废时还应履行使用登记注销等手续。

13.3　施工机械设备安全监督检查

13.3.1　基本要求

13.3.1.1　建设单位、工程总承包单位、监理单位、施工单位应制订施工机械设备安全监督检查计划，编制各类施工机械设备的日常、专项和定期检查表，并规范组织开展监督检查活动。

13.3.1.2　大型起重机械满负荷起吊，起吊危险物品，双机抬吊，负荷试验，起吊重大、精密、价格昂贵的设备前，施工单位应对起重机械的安全保护装置进行全面检查。

13.3.1.3　不同施工单位在同一施工现场使用多台塔式起重机作业时，建设单位应当协调组织制定防止塔式起重机相互碰撞的安全措施，并对措施的落实情况实施监督检查。

13.3.2　一般施工机械设备的监督检查

13.3.2.1　依据机械设备使用说明书中各项技术参数指标要求，应重点关注以下内容（包括但不限于）：

　　a）　机械设备各安全装置齐全有效。

b） 消防器材的配置应符合 GB 50720 的有关规定。

c） 机械设备用电应符合 GB 50194 的有关规定。

d） 机械设备的噪声应控制在现行国家标准 GB 12523 范围内，其粉尘、尾气、污水、固体废弃物排放应符合国家现行环保排放标准的规定。

e） 露天固定使用的中小型机械应设置作业棚，作业棚应具有防雨、防晒、防物体打击功能。

13.3.2.2 一般施工机械设备的检查由机械设备使用单位的管理部门组织，每月进行一次。

13.3.3 特种设备的监督检查

特种设备使用单位应当根据所使用特种设备的类别、品种和特性进行定期检查。定期检查的时间、内容和要求应当符合特种安全技术规范的规定及初评使用维护保养说明的要求。施工机械设备专职管理人员日常在施工现场巡视检查，如发现违章操作和违章使用，应视情节严重和整改难度，发出停止使用或要求整改指令。基本要求如下：

a） 特种设备监督检查之前，应做好策划，按编制的检查表组织检查。

b） 特种设备使用单位每周必须组织相关专业人员对设备的安全装置进行一次检查。

c） 监理单位每月应组织施工单位的机械设备管理人员，对施工现场的特种设备（包括管理台账、管理档案）进行一次全面的安全监督检查与评价。

d） 建设单位应定期对施工现场的特种设备开展专项监督

检查与抽查。内容至少包括：安全管理机构或专（兼）职管理人员设置情况、安全管理制度和岗位安全责任制度建立情况、事故应急专项预案制定及演练情况、管理档案建立情况、定期检验情况、日常维护保养和定期自行检查情况、作业人员培训及持证情况。

监督检查活动应发布检查通报，监理单位、特种设备的使用与管理部门应对存在的问题进行整改闭合。

14 作业安全

14.1 基本内容

通过作业现场管理、过程控制和作业行为管理，对作业过程及物料、设备设施、作业环境等存在的隐患，进行分析和控制，防止产生人的不安全行为、物的不安全状态，减少人为失误，消除环境不利影响，有效地遏制安全事故的发生。

14.2 作业环境

14.2.1　施工现场应实行定置和封闭管理，确定各个施工区域责任单位，始终保持作业环境整洁有序，临时设施应合理选址，确保使用功能、安全、卫生、环保和防火要求。

常用的重要临时设施清单参见附录 C 中的重要临时设施。

14.2.2　现场应配备相应的安全、职业病防护用品（具）及防火设施与器材、应急照明、安全通道、应急药品、应急物资等。

14.2.3　应采取可靠的安全技术措施，对设备能量和危险有害物质进行屏蔽或隔离。

14.2.4 施工单位应建立安全设施管理制度，明确安全防护设施设置、验收、维护和管理责任单位（部门）、责任人，发布安全设施目录，建立管理台账。

常见的安全设施见附录 E。

14.2.5 施工单位应按照有关规定和工作场所的安全风险特点，在有重大危险源、较大危险因素和严重职业病危害因素的工作场所，设置明显的、符合有关规定要求的安全警示标志和职业病危害告示标识。

14.3 作业条件

14.3.1 施工单位应对高处作业、高边坡或深基坑作业、起重作业、交叉作业、临近带电体作业、危险场所动火作业、有限空间作业、射线作业、爆破作业、水上（下）作业、洞室作业、张力架线作业等危险性较大的作业活动，实施作业许可管理，严将履行作业许可审批手续，实行闭环管理。

常见的需办理安全施工作业票的作业活动参见附录 F。

14.3.2 施工单位应安排专人对特种作业人员进行现场安全管理，对上岗资格、条件等进行安全检查，确保特种作业人员持证上岗、遵守岗位操作规程和落实安全及职业病危害防护措施。

14.3.3 危险化学品运输、储存和使用过程中涉及的特殊作业，应符合 GB 30871 的规定。

14.4 作业行为

14.4.1 施工单位应依法合理进行生产作业组织和管理，加强对从业人员作业行为的安全管理，对设备设施、工艺技术以及从业人员作业行为等进行安全风险评估，采取相应的措施，控制作业行为安全风险。

14.4.2 施工单位应监督、指导从业人员遵守安全生产和职业卫生规章制度、操作规程，杜绝违章指挥、违规作业和违反劳动纪律的"三违"行为。

14.4.3 施工单位应为从业人员配备与岗位安全风险相适应的、符合 GB/T 11651 规定的个体防护装备与用品，并监督、指导从业人员按照有关规定正确佩戴、使用、维护、保养和检查个体防护装备与用品。

14.4.4 两个以上作业队伍在同一作业区域内进行作业活动时，不同作业队伍相互之间应签订管理协议，明确各自的安全生产、职业卫生管理职责和采取的有效措施，并指定专人进行检查与协调。

15 安全检查

15.1 安全检查类型及方法

15.1.1 安全检查可分为综合检查、专项检查、季节性检查、节假日检查、经常性检查、自检与交接检查等。

15.1.2 常用的安全检查方法有常规检查、安全检查表法、仪器检查法。

15.2 安全检查内容和要求

15.2.1 安全检查以查制度、查管理、查隐患为主要内容，同时应将环境保护、职业卫生和文明施工纳入检查范围。

15.2.2 参建单位应按以下要求进行安全检查，并跟踪提出问题的闭环整改情况：

  a） 建设单位应对施工单位、监理单位安全生产法律法规、规章制度、标准规范、操作规程和安全生产管理制度的执行情况，每季度至少组织一次监督检查。

    实行工程总承包的，工程总承包单位应对分包单位安全生产法律法规、规章制度、标准规范、操作规程和安全生产管理制度的执行情况，每季度至少组织一次监督检查。

  b） 施工单位应当对所承担的建设工程项目每月至少开展一次安全检查活动。

  c） 监理单位应当组织或参加各类安全检查活动，掌握现场安全生产动态，建立安全管理台账。监理单位的安全监督检查工作应涵盖以下内容：

    1） 对施工单位安全生产法律法规、规章制度、标准、操作规程和安全生产管理制度的执行情况，进行监督检查。

    2） 对起重机械、脚手架、跨越架、危化品库房等重要施工设施投入使用前进行安全检查签证。重大工序交接前进行安全检查签证。

    3） 对工程关键部位、关键工序、特殊作业和危险作业进行旁站监理；对危险性较大分部分项工程专项施工方案的实施进行现场监理，并履行相应的监理手续；监督交叉作业和工序交接中的安全施工措施的落实。

15.2.3 各类安全检查中发现的安全隐患和环境保护、职业卫生、安全文明施工管理问题，应下发整改通知，限期整改，并对整改结果进行确认，实行闭环管理；对因故不能立即整改的问题，责任单位应采取临时措施，并制订整改计划，分阶段实施。

16 安全风险管控与隐患排查治理

16.1 基本内容

通过识别项目施工过程中存在的危险、有害因素，并运用定性或定量的统计分析方法确定其风险严重程度，进而确定风险控制的优先顺序和风险控制措施，同时强化隐患排查治理，以达到改善安全生产环境、减少和杜绝安全生产事故的目标而采取的措施和规定。

16.2 安全风险管控

16.2.1 危险源辨识

16.2.1.1 施工单位应按分部分项工程划分评价单元，对评价单元、作业活动过程中的危险源进行全面、充分的辨识。

16.2.1.2 危险源辨识的范围应包括：

　　a) 所有进入施工现场人员的活动,包括分包方人员和其他进入现场的人员（供应商、交流学习等人员）的活动；

　　b) 人的行为、能力和其他人的因素；

　　c) 施工现场内（包括办公、生活区域）的设施、设备和材料，包括相关方所提供的设施、设备和材料等；

d）　施工过程中的各项变更，如材料、设备的变更等；

e）　对工作区域、过程、装置、机械设备、操作程序和工作组织的设计。

16.2.1.3　危险源辨识应考虑正常、异常和紧急三种状态及过去、现在和将来三种时态。

16.2.1.4　建设单位要保证施工单位危险源辨识及重大危险源检查、检测、监控、整改隐患等的资金需要。施工单位要将其列入安全生产费用计划，保证专款专用，投入到位。

16.2.2　重大危险源管理

16.2.2.1　重大危险源的辨识应依据物质的危险特性及其数量、发生事故后的严重后果来确定。

16.2.2.2　施工单位应对本工程的重大危险源进行登记建档，并将属于申报范围的重大危险源报建设单位和监理单位，由建设单位统一上报所在地县级以上人民政府安全生产监督管理部门备案。实行工程总承包的，由工程总承包单位统计上报。

16.2.2.3　重大危险源档案至少应包括本单位重大危险源的名称、地点、性质和可能造成的危害及有关安全措施、应急预案。

16.2.2.4　监理单位应定期组织安全管理与检测监控，制定本工程重大危险源安全管理与监控的实施方案。

16.2.2.5　存在重大危险源的单位应加强对重大危险源作业岗位从业人员的安全教育和技术培训，告知作业场所存在的危险因素和防范措施，使其熟练掌握本岗位的安全操作技能和在紧急情况下应当采取的应急措施。

16.2.2.6   存在重大危险源的单位应为从业人员配备符合安全生产需要的个人防护用品，并监督作业人员正确、及时配备和使用。

16.2.2.7   存在重大危险源的单位依据重大危险源监控需要，应配置监控设施和器材，落实监控手段，定期对重大危险源的安全状况以及重要的设备（设施）进行定期检测、检查、检验，并做好记录。

16.2.2.8   存在重大危险源的单位应在重大危险源现场设置明显的安全警示标志，并应设立重大危险源告知牌，将重大危险源可能发生事故时的危害后果、应急措施等信息告知周边单位和人员。

16.2.2.9   存在重大危险源的单位应制订有关重大危险源应急救援预案，配备必要的应急器材、装备，每年至少进行一次应急救援演练。

16.2.3   风险评估与控制

16.2.3.1   建设单位应当组织各参建单位落实风险管控措施，对重点区域、重要部位的地质灾害进行评估检查，对施工营地选址布置方案进行风险评估，组织施工、监理单位共同研究制订项目重大风险管理制度，明确重大风险辨识、评价和控制的职责、方法、范围、流程等要求。

16.2.3.2   建设单位在开工前，应组织施工、监理单位对本项目存在的危险源进行安全风险评估，对高处坠落、物体打击、车辆伤害、机械伤害、起重伤害、淹溺、触电、火灾、灼烫、坍塌、冒顶片帮、透水、放炮、火药爆炸、瓦斯爆炸、锅炉爆炸、容器爆炸、其他爆炸、中毒和窒息、其他伤害等事故类型的安全风险进行分类梳理、分析，综合考虑起因物、引起事故的诱导性原因、致害物、伤害方式等，确定安全风险类别。

在进行安全风险评估时，应从影响人、财产和环境三个方面的可能性和严重程度进行分析。对不同类别的安全风险，应选择合适的安全风险评估方法确定安全风险等级。常用的安全风险评估方法有头脑风暴法、预先危险性分析法、LEC 法、风险矩阵法、专家经验法等。

16.2.3.3　安全风险等级从高到低划分为重大风险、较大风险、一般风险和低风险，分别用红、橙、黄、蓝四种颜色标示。其中，重大安全风险应填写清单，汇总造册。

16.2.3.4　施工单位应采取工程技术措施、管理控制措施、个体防护措施等对安全风险进行控制，并登记建档。风险达到降级或销项条件时，应当办理审批手续，及时降级或销项。

16.2.3.5　施工单位应公布作业活动或场所存在的主要风险、风险类别、风险等级、管控措施和应急措施，使从业人员了解风险的基本情况及防范、应急措施。对存在安全生产风险的岗位设置告知卡，标明本岗位主要危险有害因素、后果、事故预防及应急措施、报告电话等内容。对可能导致事故的工作场所、工作岗位，应当设置警示标志，并根据需要设置报警装置，配置现场应急设备设施和撤离通道等。同时，将风险的有关信息及应急处置措施告知相关方。

16.2.3.6　实行工程总承包的，由总承包单位按照与建设单位的合同约定，履行风险管控职责。

16.3 隐患排查治理

16.3.1 基本要求

16.3.1.1 建设单位应建立隐患排查治理制度,明确事故隐患的分级标准、隐患排查目的、范围、内容、方法、频次和要求等。施工、监理单位应根据建设单位事故隐患排查制度,制订本单位的事故隐患排查制度。

根据事故隐患的危害和整改难度,事故隐患分为重大隐患和一般隐患。

16.3.1.2 参建单位应依据有关法律法规、标准规范等策划编制事故隐患排查表,制定各部门、岗位、场所、设备设施的隐患排查治理标准或排查清单,明确隐患排查的时限、范围、内容和要求,并组织开展相应的培训。

16.3.1.3 参建单位应当建立事故隐患排查治理信息档案,对隐患排查治理情况进行详细记录。宜运用隐患自查、自改、自报信息系统,通过信息系统对隐患排查、报告、治理、销账等过程进行电子化管理和统计分析,并按照当地安全监管部门和有关部门的要求,定期或实时报送隐患排查治理情况。

16.3.1.4 实行工程总承包的,总承包单位应当按照与建设单位的合同约定,履行隐患排查治理职责。

16.3.2 隐患排查

16.3.2.1 参建单位应建立事故隐患排查治理机制,定期组织开展建设工程的隐患排查治理工作,在开展隐患排查前应制定排查方案，明确排查的目的、范围、时间、人员和方法等内容，定期组织开展全面的隐患排查。

16.3.2.2 参建单位按照有关规定组织开展隐患排查治理工作，及时发现并消除隐患，实行隐患闭环管理。对排查出的重大事故隐患，组织单位应及时书面通知有关单位，落实整改责任、整改资金、整改措施、整改预案、整改期限进行整改，按照事故隐患的等级建立事故隐患信息台账，并按照职责分工实施监控管理。

16.3.2.3 参建单位应按照"谁主管、谁负责"和"全方位覆盖、全过程闭环"的原则，落实职责分工，完善工作机制，对隐患进行初步评估，经过自评估确定为重大隐患的应向负有安全生产监督管理职责的部门和企业职代会"双报告"，实行自查自改自报闭环管理。

16.3.2.4 涉及消防、环保、防洪、航运和灌溉等重大隐患，要同时报告地方人民政府有关部门协调整改。

16.3.2.5 重大隐患信息报告应包括：隐患名称、隐患现状及其产生的原因、隐患危害程度、整改措施和应急预案、办理期限、责任单位和责任人员。

16.3.3 隐患治理

16.3.3.1 参建单位对排查出的事故隐患，应及时采取有效的治理措施，形成"查找—分析—评估—报告—治理（控制—验收）"的闭环管理流程。对于危害和整改难度较小，发现后能够立即整改排除的一般事故隐患，应立即组织整改。对属于一般事故隐患但不能立即整改到位的应下达"隐患整改通知书"，制定隐患治理措施，限期落实整改。

16.3.3.2　对重大事故隐患存在单位应成立由单位主要负责人为组长的事故隐患治理领导小组，制定重大事故隐患治理方案，并按照治理方案组织开展事故隐患的治理整改，应对治理全过程进行监督管理。

16.3.3.3　事故隐患存在单位在事故隐患整改过程中，应采取相应的安全防护措施。事故隐患治理、整改完毕后，应对事故隐患治理效果进行验证，并做好整改记录。

16.3.3.4　建设单位应对"挂牌督办"的重大隐患实施重点管理。监理单位应对重大隐患治理活动实施重点监控。治理工作结束后，存在重大隐患单位应组织技术人员、安全专家对事故隐患的治理情况进行验证和效果评估，填报重大事故隐患排查治理信息，按规定上报。

16.3.4　预测预警

16.3.4.1　参建单位应根据安全风险管理及事故隐患排查治理情况，运用定量或定性的安全生产预测预警技术，建立体现本单位安全生产状况及发展趋势的安全生产预测预警体系，对可能发生的危险进行事先预报。

16.3.4.2　预测预警技术运用，内容如下：

　　a)　鼓励参建单位利用系统分析、信息处理、建模、预测、决策、控制等预测理论，分析未来安全生产发展趋势，警示生产过程中将面临的危险程度，提请相关单位采取有效措施防范事件事故的发生。

　　b)　参建单位应根据施工项目的地域特点及自然环境情况，

对于因自然灾害可能导致事故灾难的隐患,应当按照有关法律法规、规范标准的要求排查治理,采取可靠的预防措施,制订相应的应急预案。在接到有关自然灾害预报时,应当及时向下属单位发出预警通知。

c) 参建单位安全管理部门应定期召开安全生产风险分析会,对排查出的事故隐患进行分类分析,查找管理工作存在的缺失,进行安全生产管理预测预警,通报安全生产状况及发展趋势。制定针对性的整改措施,完善管理工作,保存完善的资料。

16.3.5 监督检查

16.3.5.1 建设、监理单位应定期组织开展建设工程隐患排查治理情况的监督检查工作。

16.3.5.2 监理单位在实施监督检查过程中,发现施工单位隐患排查治理工作不到位的,应签发监理通知单并要求整改。施工单位拒不整改时,监理单位应下发暂时停工令,并及时向建设单位、建设工程主管单位报送监理报告。

16.3.5.3 施工单位应对分包单位的事故隐患排查治理情况进行监督检查。

17 分包安全管理

17.1 基本内容

施工分包安全管理主要包括分包计划管理、分包计划实施、分包单位资质要求及资源配置、分包监督管理、分包评价管理。

17.2 分包计划管理

17.2.1 建设单位应当在招标文件中明确分包要求，施工单位对承包工程进行施工分包的，应征得建设单位的同意。

实行工程总承包的，工程总承包单位对工程进行施工分包的，应征得建设单位的同意。

17.2.2 建设单位应明确电力建设工程分包计划的审核、审批流程，明确部门和责任人员。

17.2.3 建设单位必须审核并确认施工单位的分包单位资质等相关材料和安全生产许可证。

实行工程总承包的，工程总承包单位应将分包计划及分包单位的资质等相关材料上报监理单位、建设单位。

17.2.4 监理单位应严格审核施工单位上报的拟选用分包单位的资质文件、拟签订的分包合同、安全生产协议，经上报建设单位批准后，纳入监理工作范围。

17.3 分包计划实施

17.3.1 分包单位必须在分包合同、安全生产协议签订后方可进场施工。

17.3.2 分包合同中必须明确分包性质（专业分包或劳务分包）。

17.3.3 分包合同、安全生产协议的签字人必须是发、承包双方法定代表人或其授权委托人。

17.4 分包单位资质要求及资源配备

17.4.1 分包单位的资质必须符合国家建筑业企业资质管理的

相关规定，并与所承揽的工程相适应，取得安全生产许可证和法人授权委托书。

17.4.2 具有近三年同类工程安全施工业绩。

17.4.3 分包单位必须建立健全安全生产管理体系和安全管理制度。

17.4.4 项目主要负责人、技术负责人、安全管理人员、技术人员及特种作业人员等应具有合格资质，满足施工安全管理需要。

17.4.5 具有保证施工安全的机械、工器具、安全防护设施、用具等资源。

17.5 分包监督管理

17.5.1 施工单位应自行完成主体工程的施工，将非主体工程进行专业分包时，分包合同中应明确双方的安全责任和义务。

17.5.2 施工单位对专业分包单位履行安全生产监督管理职责，分包单位对其承包的施工现场安全生产负责。

17.5.3 施工单位应组织专业分包单位开展现场查测，编制施工方案和安全技术措施，并按照技术管理相关规定上报建设单位、监理单位同意。

17.5.4 施工单位实行劳务分包的，劳务分包单位应当具有相应的资质，施工单位应对施工现场的安全生产承担主体责任，履行对劳务分包安全管理职责，将劳务作业人员纳入其安全管理体系，落实安全措施，加强作业现场管理和控制。

17.5.5 实行工程总承包的，工程总承包单位应当按照工程总承包合同的约定，履行建设单位对工程安全生产管理的职责，并承担工程安全生产连带管理责任。

17.5.6　工程总承包单位应监督分包单位，定期组织对分包单位开展现场安全检查和隐患排查治理，严格落实施工现场安全措施。

17.5.7　监理单位应动态核查进场分包商的人员、机具配备、技术管理等施工能力。

17.5.8　施工单位对关键工序、隐蔽工程、危险性大、专业性强的专业分包工程项目施工，必须派人全过程监督。

17.5.9　劳务分包人员在参与危险性大、专业性强的劳务作业时，施工单位应指派符合岗位要求的施工班组负责人、技术员、安全管理人员等对现场施工组织、工器具的配置、现场布置和劳务分包人员的实际操作进行统一组织指挥和有效监督。

17.6　分包评价管理

17.6.1　施工单位、工程总承包单位对分包管理工作进行定期考核、评价，应建立分包管理工作能力评价制度，从管理人员资格、施工技术、安全管理等方面制定评价标准。

17.6.2　施工单位应保存以下内容的分包单位安全管理台账和记录（包括并不限于）：

　　a）　合格分包单位名册及分包项目目录。

　　b）　项目负责人、安全管理及特殊作业人员资格证件登记表。

　　c）　施工人员三级安全教育记录。

　　d）　安全考试成绩登记表。

　　e）　施工人员健康体检登记表。

f） 入场的施工机械、设备管理台账。

g） 分包施工项目安全技术措施交底记录。

h） 分包施工项目安全检查及整改记录。

i） 分包单位安全考核、评价记录。

18 职业卫生管理

18.1 职业卫生基础管理

18.1.1 责任与义务

18.1.1.1 参建单位主要负责人要认真贯彻执行职业卫生安全法律法规、标准及其规章制度，对本单位职业卫生工作全面负责。应当建立、健全职业病防治责任制，加强对职业病防治的管理，提高职业病防治水平，对本单位产生的职业病危害承担责任。

18.1.1.2 参建单位应制定职业卫生管理制度和操作规程，制定职业病防治计划和实施方案，建立、健全职业卫生档案和劳动者健康监护档案，工作场所职业病危害因素监测及评价制度和职业病危害事故应急救援预案。

18.1.2 机构设置与人员配备

18.1.2.1 参建单位存在职业病危害严重的工作岗位或场所，应当设置或者指定职业卫生管理机构或者组织，配备专职或者兼职的职业卫生管理人员。

18.1.2.2 参建单位的主要负责人和职业卫生管理人员应当具备与本单位所从事的生产经营活动相适应的职业卫生知识和管理能力,并接受职业卫生培训。

18.2 职业卫生管理活动

18.2.1 职业卫生保护基本措施

18.2.1.1 参建单位应按照有关法律法规规章制度和标准的要求为从业人员提供符合职业卫生要求的工作环境和条件配备职业卫生保护设施工具和用品。

18.2.1.2 参建单位应当对劳动者进行上岗前的职业卫生培训和在岗期间的定期职业卫生培训,普及职业卫生知识,督促劳动者遵守职业病防治的法律、法规、规章、国家职业卫生标准和操作规程;对职业病危害严重的岗位的劳动者,进行专门的职业卫生培训,经培训合格后方可上岗作业;因变更工艺、技术、设备、材料,或者岗位调整导致劳动者接触的职业病危害因素发生变化的,应当重新对劳动者进行上岗前的职业卫生培训。

18.2.1.3 施工单位应当在醒目位置设置公告栏,公布有关职业病防治的规章制度、操作规程、职业病危害事故应急救援措施和工作场所职业病危害因素检测结果;存在或产生高毒物品的作业岗位,应在醒目位置设置高毒物品告知卡,告知卡应当载明高毒物品的名称、理化特性、健康危害、防护措施及应急处理等告知内容与警示标识。

18.2.1.4 参建单位应当督促、指导劳动者按照使用规则正确佩戴、使用；对职业病防护用品进行经常性的维护、保养，确保防护用品有效。

18.2.1.5 在可能发生急性职业损伤的有毒、有害工作场所，用人单位应当设置报警装置，配置现场急救用品、冲洗设备、应急撤离通道和必要的泄险区，并安排专人管理，定期检验维护，保证有效使用。

18.2.1.6 在涉及射线探伤使用、贮存放射性同位素和射线装置的场所，应当按照国家有关规定设置明显的放射性标志，其入口处应当按照国家有关安全和防护标准的要求，设置安全和防护设施以及必要的防护安全联锁、报警装置或者工作信号。放射性装置的使用场所，应当具有防止误操作、防止工作人员受到意外照射的安全措施。用人单位必须配备与辐射类型和辐射水平相适应的防护用品和监测仪器，包括个人剂量测量报警、固定式和便携式辐射监测、表面污染监测、流出物监测等设备，并保证可能接触放射线的工作人员佩戴个人剂量计。

18.2.1.7 施工单位应当对职业病防护设备、应急救援设施进行经常性的维护、检修和保养，定期检测其性能和效果，确保其处于正常状态，不得擅自拆除或者停止使用。

18.2.1.8 任何用人单位不得使用国家明令禁止使用的可能产生职业病危害的设备或者材料。

18.2.1.9 在采购可能产生职业病危害的化学品、放射性同位素和含有放射性物质的材料的，应当具有中文说明书，并在设备的醒目位置设置警示标识和中文警示说明。

18.2.1.10 参建单位与劳动者订立劳动合同时，应当将工作过程

中可能产生的职业病危害及其后果、职业病防护措施和待遇等如
实告知劳动者，并在劳动合同中写明。劳动者在履行劳动合同期
间因工作岗位或者工作内容变更，从事与所订立劳动合同中未告
知的存在职业病危害的作业时，用人单位应当向劳动者履行如实
告知的义务。

18.2.1.11　如发生职业病危害事故,应当及时向所在地有关部门
报告，并采取有效措施，减少或者消除职业病危害因素，防止事
故扩大。

18.2.2　职业病防护设施的验收

18.2.2.1　建设单位在职业病防护设施验收前，应当编制验收方
案。验收方案应当包括下列内容:

  a)　建设工程概况和风险类别，以及职业病危害预评价、职
    业病防护设施设计执行情况。

  b)　参与验收的人员及其工作内容、责任。

  c)　验收工作时间安排、程序等。

18.2.2.2　建设单位应当在职业病防护设施验收前 20 日将验收
方案向所在地有关部门进行书面报告。

18.2.3　职业卫生检查计划及实施

18.2.3.1　施工单位应建立年度职业卫生检查计划，编制职业卫
生检查计划表，重点检查本单位从事接触职业病危害作业的从业
人员的职业卫生监护情况。

18.2.3.2　职业卫生监督检查应与日常安全生产监督检查工作结
合起来，认真组织实施，对在监督检查中查出的问题及时进行整

改并形成闭环。

18.2.4　职业病危害因素辨识与评价

18.2.4.1　存在职业病危害的单位，应当开展职业病危害因素检测和职业病危害现状评价工作，每年至少进行一次职业病危害因素检测。

18.2.4.2　职业病危害严重的单位，应当每 3 年至少进行 1 次职业病危害现状评价。

18.2.5　职业病危害因素检测

18.2.5.1　施工单位应当建立职业病危害因素定期检测制度，每年至少委托具备资质的职业卫生技术服务机构对其存在职业病危害因素的工作场所进行一次全面检测。

18.2.5.2　施工单位应当将职业病危害因素定期检测工作纳入年度职业病防治计划并制定实施方案，明确责任部门或责任人，所需检测费用纳入年度经费预算予以保障。应当建立职业病危害因素定期检测档案，并纳入其职业卫生档案体系。

19　应急管理

19.1　基本要求

参建单位应建立健全应急管理体系，完善应急管理组织机构。履行应急管理主体责任，贯彻落实国家应急管理方针政策及有关法律法规、规定，建立相应的工作制度和例会制度，完善应急管理责任制，应急管理责任制应覆盖本单位全体职工和岗位、全部生产经营和管理过程。

建设单位应建立应急管理与事故应急救援预案管理制度,明确应急管理组织机构(包括机构内部各成员的分工、职责以及事故应急救援中的其他事项)和事故应急救援预案体系、应急队伍的建立与训练、应急预案的编制评审与发布、事故应急处置与救援、应急装备与保障措施等内容。

19.2 应急管理组织体系

19.2.1 应急管理组织体系建设

19.2.1.1 建设单位应对建设工程项目各类突发事件的预防与应急准备、监测与预警、应急处置与救援、事后恢复与重建等活动实施全过程的指挥、协调和指导管理;配合工程所在地人民政府应急救援指挥机构的救援工作;配合行业主管部门应急处置指挥机构及其他有关主管部门发布和通报有关信息等。

19.2.1.2 建设单位应建立健全建设工程项目统一的应急管理体系,建立应急管理工作领导机构,明确责任,并设专人负责日常的应急管理工作。

建立的应急管理体系以正式文件发布,并按规定报建设工程主管部门、地方人民政府能源主管部门、国家能源局或其派出机构备案。

19.2.1.3 施工(或工程总承包)单位应按照建设单位的要求,结合本单位的实际情况,建立本单位的应急管理工作领导机构,安排专人负责日常应急管理工作。

建立的应急管理工作领导机构以正式文件发布,并报监理单位、建设单位备案。

19.2.1.4 监理单位应按照建设单位的要求、结合施工（或工程总承包）单位应急管理工作的部署，编制应急管理监理实施细则，承担对施工（或工程总承包）单位日常应急管理工作的监督检查。

编制应急管理监理实施细则经建设单位批准后，印发施工（或工程总承包）单位。

19.2.1.5 施工单位、工程总承包单位的应急管理组织体系应涵盖其分包协作单位，履行统一协调、管理职能。

19.2.2 应急管理组织机构与工作内容

19.2.2.1 建设单位应组建由勘察设计、监理、施工（或工程总承包）单位主要负责人、专（兼）职应急管理人员参加的应急管理工作领导机构和办事机构，应急管理工作领导机构负责人为建设单位主要负责人；施工（或工程总承包）单位应组建由专业（施工）分包单位主要负责人、专（兼）职安全管理人员参加的应急管理工作领导机构和办事机构，形成统一的管理与指挥机制，履行相应的工作职责。

19.2.2.2 参建单位应成立应急管理工作领导小组。领导小组组长由本单位安全生产第一责任人担任，并明确一位领导班子成员具体分管应急办事领导小组的日常工作。

领导小组应建立工作制度和例会制度，负责组建不同类型突发事件应急救援指挥部的组建，研究决策应急管理重大问题和突发事件应对办法，进行突发事件处置报告，组织开展本单位项目的应急演练，负责统一领导本单位项目的应急管理工作。

19.2.2.3　参建单位应成立应急管理工作办公室，办公室主任由应急管理主管领导担任。应急管理工作办公室负责组织本单位项目应急体系建设，组织本单位项目的日常应急管理工作（包括综合与专项应急预案的编制与管理、应急救援队伍建设、应急救援知识与能力培训、应急救援物资与装备的管理、预警管理、综合与专项应急预案的培训与演练、应急能力建设评估等），组织，协调分管部门开展应急管理日常工作。在跨界突发事件应急状态下，负责综合协调建设工程项目内部资源、对外联络沟通等工作。

　　应急管理工作办公室应安排一名专（兼）职应急管理人员负责本单位项目的应急值守、应急信息汇总等。

19.2.2.4　参建单位各管理部门（应急管理工作的分管部门）履行应急管理责任制，负责现场处置方案的编制与管理，按照本单位项目应急管理工作办公室的安排，负责应急管理相应的日常应急管理工作与现场处置方案的演练指导。

19.3　应急预案体系建设

19.3.1　基本要求

　　参建单位是应急预案管理工作的责任主体，应建立健全应急预案管理制度，完善应急预案体系，规范开展应急预案的编制、评审、发布、备案、培训、演练、修订等工作，保障应急预案的有效实施。应当依据有关法律、法规、规章、标准和规范性文件要求，结合本单位项目实际情况，编制相关应急预案，并按照"横向到边，纵向到底"的原则建立覆盖全面、上下衔接的应急预案体系。

19.3.2 应急预案编制

参建单位应急预案分为综合应急预案、专项应急预案和现场处置方案。各类预案应明确突发事件处置流程,事前、事发、事中、事后的各个过程中相关部门和有关人员的职责等,编制的基本要求及内容如下:

a)　参建单位编制应急预案,应遵循以人为本、依法依规、符合实际、注重实效的原则,以应急处置为核心,明确应急职责、规范应急程序、细化保障措施。

　1)　成立以本单位项目主要负责人为组长,由具备安全生产组织指挥和各方面专业知识与技能的人员及专家为编制成员的应急预案编制工作组。

　2)　进行全面的风险评估。应急预案编制前,编制工作组应当进行事故风险评估。针对突发事件特点,识别事件的危害因素,分析事件可能产生的直接后果以及次生、衍生后果,评估各种后果的危害程度,提出控制风险、治理隐患的措施。

　3)　开展应急资源调查。全面调查本单位项目第一时间可调用的应急队伍、装备、物资、场所等应急资源状况和合作区域内可请求援助的应急资源状况,必要时对区域内相关方应急资源情况进行调查,为制定应急响应措施提供依据。

应急预案编制工作组应在开展风险评估和应急资源调查的基础上编制相应的应急预案。

b)　建设单位应编制本项目的综合应急预案和相应的专项

应急预案；施工单位、工程总承包单位应编制本单位的
综合应急预案和相应的专项应急预案。

当专项应急预案与综合应急预案中的应急组织机构、应急响
应程序相近时，可不编写专项应急预案，相应的应急处置措施并
入综合应急预案。

c) 建设单位的管理部门，以及施工单位、工程总承包单位
的管理部门及其管理的工程分包单位，应针对管理部
门、作业班组应对垮（坍）塌、火灾、爆炸、触电、中
暑、机械设备、交通肇事、自然灾害等突发事件，编制
本部门、作业班组的相应现场处置方案。

d) 参建单位应当在编制应急预案的基础上，针对工作场
所、岗位的特点，编制简明、实用、有效的应急处
置卡。

e) 参建单位编制的各类应急预案之间应当相互衔接，并
与建设工程所在地人民政府的应急管理机构及其所
联络的应急救援队伍和涉及的其他单位的应急预案
相衔接。

19.3.3 应急预案的评审

应急预案审核内容主要包括预案是否符合有关法律、行政法
规，是否与有关应急预案进行了衔接，各方面意见是否一致，主
体内容是否完备，责任分工是否合理明确，应急响应级别设计是
否合理，应对措施是否具体简明、管用可行等，评审的基本要求
及内容如下：

a) 应急预案评审包括形式评审和要素评审。

1）　形式评审。依据有关行业规范，对应急预案的层次结构、内容格式、语言文字、附件项目以及编制程序等内容进行审查，重点审查应急预案的规范性和编制程序。

2）　要素评审。依据有关行业规范，从合法性、完整性、针对性、实用性、科学性、操作性和衔接性六个方面对应急预案进行评审。评审时，将应急预案的要素内容与评审表中所列要素的内容进行对照，判断是否符合有关要求，指出存在的问题及不足。

b）　应急预案评审应组建评审专家工作组，评审前应对评审的应急预案进行桌面推演，以检验预案的可操作性。应急预案评审采用符合、基本符合、不符合三种意见进行判定。评审专家组所有成员应按照"谁评审、谁签字、谁负责"的原则，对每个预案的评审意见分别进行签字确认。推演与评审活动应保持完善的记录。

c）　建设单位的应急预案评审应邀请地方人民政府应急管理工作办公室、行业主管部门的应急、安全技术管理人员参加。

施工（或工程总承包）单位的应急预案评审应邀请授权机构、监理单位、建设单位的应急管理人员参加。

19.3.4　应急预案的发布

参建单位的应急预案经评审后，由本单位项目主要负责人签署公布，并及时发放到本单位有关部门、岗位和相关应急救援队

伍。事故风险可能影响周边其他单位、人员的，应将应急救援预
案有关事故风险的性质、影响范围和应急防范措施告知周边的其
他单位和人员，发布的基本要求及内容如下：

    a)   应急预案应采用 A4 版面印刷，活页装订。应急预案封
           面主要包括应急预案编号、应急预案版本号、生产经营
           单位名称、应急预案名称、编制单位名称、颁布日期等
           内容。

    b)   建设单位的综合应急预案、专项应急预案应发放到建设
           工程项目的所有参建单位和本单位的管理部门；施工单
           位、工程总承包单位的综合应急预案、专项应急预案应
           发放到本单位的管理部门及其管理的工程分包单位。

19.3.5　应急预案修订

19.3.5.1　参建单位每年应进行一次应急预案评估。应急预案评
估可以邀请相关专业机构或者有关专家、有实际应急救援工作经
验的人员参加，必要时可以委托安全生产技术服务机构实施。

    应急预案评估应报授权机构的主管部门。

19.3.5.2　参建单位制订的各类应急预案应根据评估报告的意见
进行修订。预案修订情况应有记录并归档。有下列情形之一的，
应急预案应当及时修订：

    a)   项目部因兼并、重组、转制等导致隶属关系、经营方式、
           项目经理发生变化的；

    b)   项目部生产工艺和技术发生变化的；

    c)   周围环境发生变化，形成新的重大风险的；

    d)   应急组织指挥体系或者职责已经调整的；

e) 依据的法律、法规、规章和标准发生变化的；

f) 应急预案演练评估报告要求修订的；

g) 应急预案管理部门要求修订的。

19.3.5.3 应急预案修订涉及应急组织体系与职责、应急处置程序、主要处置措施、事件分级标准等重要内容的，修订工作应按照相关规定的预案编制、评审与发布、备案程序组织进行。

19.3.5.4 参建单位应当及时分别向建设工程主管部门、授权机构和有关行业主管部门报告应急预案的修订情况，并按照有关应急预案报备程序重新备案。

19.3.6 应急预案的备案

19.3.6.1 建设单位的综合应急预案、专项应急预案应按规定向地方人民政府应急管理工作办公室、行业主管部门报备。

19.3.6.2 施工单位、工程总承包单位的专项应急预案和现场处置方案应向单位本部、建设单位进行报备。

19.4 应急管理活动

19.4.1 应急队伍建设

参建单位应当按照专业救援和职工参与相结合、险时救援和平时防范相结合的原则，建设以专业队伍为骨干、兼职队伍为辅助、职工队伍为基础的应急救援队伍体系。应急救援人员应采取志愿原则加入，基本要求如下：

a) 参建单位的应急管理工作办公室应根据应急救援预案的规定，分别建立、管理与本单位项目安全生产特点相适应的专（兼）职应急救援队伍或专（兼）职应急救援人员，满足应急救援工作要求。

建立专（兼）职应急救援队伍或专（兼）职应急救援人员档案，配备与救援活动相适应的救援装备，投保意外伤害保险。

b）　参建单位应急管理工作办公室应根据本单位安全生产特点，制订训练计划，按季度组织对专（兼）职应急救援队伍开展应急救援知识与救援能力培训和应急装备使用训练。救援人员应全面掌握各类状况下的救援职能、救援流程，熟悉救援装备使用。

涉及危险化学品、火灾、特种设备突发事件救援活动的应急救援知识与救援能力培训，应邀请专业机构进行。

c）　建设单位应建立应急专家组，并与地方应急救援机构以及当地医院、消防队伍加强联系，定期召开联席会议，互通信息，取得社会应急资源的协助与支援。

19.4.2　应急设施、装备、物资储备与管理

参建单位应建立应急资金投入保障机制，应对应急设施，应急装备，应急物资进行定期检查和维护，确保其完好可靠，基本要求如下：

a）　参建单位的应急救援预案中必须明确应急设施、装备、物资配置的具体要求。应建立应急资金投入保障机制，明确落实应急救援经费、医疗、交通运输、物资、治安和后勤等保障的具体措施。

b）　参建单位的应急管理工作办公室必须按照应急救援预

案的规定，妥善安排应急设施、装备、物资配置，储备应急物资，明示存放地点和具体数量，满足各类状态下开展应急救援的需要。

应急物资配备至少应满足预定突发事件一次救援行动所需物资量 2 倍。

c) 参建单位应急管理工作办公室对应急设施、装备、物资应定点存放、专人管理；并建立应急设施、装备、物资储备管理台账，确保施工现场应急救援工作的开展。应对应急设施、装备、物资进行经常性的检查、维护、保养，确保其完好可靠。保持完善的记录、资料。

参建单位的应急设施、装备、物资至少每月保养、维护一次，并做好登记，发现应急物资损坏、破损以及功能达不到要求的，要及时进行更换，确保应急物资种类、数量满足应急救灾的需要。

d) 参建单位的应急物资应由应急管理工作办公室统一调配使用，任何单位或个人未经同意不得挪用。

应急物资损坏、过期的，应急管理人员应提出补充意见，报应急管理工作办公室及时更新、补充。

e) 建设单位应建立应急装备综合信息动态管理平台，动态更新应急装备设施信息。应与相关方之间签署应急物资互助协议，保证在应急时可迅速获取装备储备的资源分布情况，保障应急装备、物资的调剂使用。

19.4.3　应急预案的培训

参建单位应当采取多种形式开展应急预案的宣传教育，普及生产安全事故预防、避险、自救和互救知识，提高从业人员安全意识和应急处置技能，基本要求如下：

　　a）　参建单位的应急管理工作办公室应编制本单位项目培训计划，定期组织开展应急预案培训工作，确保所有从业人员熟悉本单位应急预案、具备基本的应急技能、掌握本岗位事故防范措施和应急处置程序。

　　　　1）　建设单位应急管理工作办公室每半年至少应组织一次应急管理工作领导小组、参建单位应急管理部门工作人员参加的应急预案教育宣传贯彻培训。

　　　　2）　施工单位、工程总承包单位的应急管理工作办公室每季度至少应组织一次应急管理工作领导小组、分包协作单位和专、兼职应急救援队伍或专、兼职应急救援人员参加的综合应急预案、专项应急预案交底、宣传贯彻与考试和提问。

　　　　3）　各层级作业单位每月应对适用的现场处置方案进行一次交底、考试或提问；班组安全日活动应对应急处置卡组织进行一次学习、考试或提问。

　　　　　培训的时间、地点、内容、师资、参加人员和考核结果等情况，应当如实记入本单位的安全生产教育和培训档案。

　　b）　参建单位的应急管理工作办公室应定期组织全体工作人员进行应急救援预案的宣传贯彻培训。应急管理工作办公室的有关人员应熟悉应急预案和应急处置方案或措施。

　　c）　参建单位应在办公、生产经营场所（重点作业岗位）公布应急处置方案或措施，公布沟通联络的信息。

19.4.4 应急演练

参建单位在制订年度安全生产工作计划的同时，对应急预案演练进行整体规划，并制订具体的年度应急预案演练计划。根据本单位项目综合、专项应急预案和现场处置方案，定期组织开展整体应急演练和单项（专业）应急演练，根据实际情况采取灵活多样的演练形式，组织开展人员广泛参与、处置联动性强、节约高效的应急预案演练。

应急演练按照演练内容分为综合演练和单项演练，按照演练形式分为现场演练和桌面演练，不同类型的演练可相互组合，基本要求如下：

a) 参建单位应根据本单位项目的事故风险特点和演练计划的安排，做好应急演练的组织工作。

主要包括：事故应急救援模拟演练的准备工作；针对演练事故类型，选择合适的模拟演练地段；针对演练事故类型，组织相关人员编制详细的演练方案；根据编制好的演练方案，组织参加演练人员进行学习；筹备好演练所需物资装备，对演练场所进行适当布置；提前邀请地方相关部门及本行业上级部门相关人员参加演练并提出建议。

b) 建设单位每年至少组织一次综合应急预案演练，每半年至少组织一次专项应急预案演练。

施工单位、工程总承包单位每年至少组织一次综合应急预案演练，每半年至少组织一次专项应急预案演练。

建设单位的管理部门,以及施工单位、工程总承包单位的管理部门及其管理的工程分包单位,每半年至少组织一次现场处置方案演练。

c) 应急演练活动应规范做好以下相应组织工作:

　　1) 成立组织机构。演练应在相关预案确定的应急领导机构或指挥机构领导下组织开展。成立由应急管理工作领导小组成员组成的演练领导小组,根据需要,可成立现场指挥部。综合演练通常成立演练领导小组,下设策划组、执行组、保障组、评估组等专业工作组。对于不同类型和规模的演练活动,其组织机构和职能可以适当调整。

　　2) 编制演练文件。内容应包括演练工作方案、演练脚本、评估方案、观摩手册、演练人员手册、演练控制指南等。

　　3) 查验保障工作准备情况。针对应急演练活动可能发生的意外情况制定演练保障方案或应急预案,并进行演练。演练保障方案应包括应急演练可能发生的意外情况、应急处置措施及责任部门、应急演练意外情况中止条件与程序等。

d) 参建单位应急管理工作办公室应把应急演练与突发事件应急预案相结合,通过应急演练,检验救援方案的针对性、完善应急预案、落实应急救援职责、磨合应急救援程序、评估应急准备工作状态,并提高从业人员突发事件现场处置自救互救能力和本单位整体应急救援能力。同时在演练实战过程中,总结经验,发现不足,并对演练方案和应急救援预案进行充实、完善。

e) 参建单位的应急管理工作办公室组织开展的应急演练
实施过程中，应安排专门人员采用文字、照片和音像等
手段记录演练过程。

应急预案演练后，应当对演练效果进行评估。评估组针对收集的各种信息资料，依据评估标准和相关文件资料对演练活动全过程进行科学分析和客观评价，并针对演练过程中发现的问题对相关应急预案提出修订意见，并撰写演练评估报告。参建单位应针对演练中存在的问题，制定和落实完善预案、加强应急管理、改进应急设施设备等的整改措施，明确负责部门、人员、工作进度和整改费用等。并根据评估结果，修订、完善应急预案，改进应急管理工作。

应急管理工作办公室应将演练计划、方案、评估报告、记录材料和总结报告等资料，纳入安全生产管理档案妥善保存。

19.4.5 应急能力建设评估

建设单位应以应急能力建设和提升为目标、以应对各类突发事件的综合能力评估为手段、以全面应急管理理论为指导，构建科学合理的建设与评估指标体系，建立评估模型和完善评估方法，进行综合评估。通过评估，明晰建设工程项目应急能力存在的问题和不足，不断改进和完善应急体系，提高建设工程项目的应急能力，基本要求如下：

a) 建设单位应明确应急能力建设的责任部门和人员，协调
组织各参建单位开展有效的应急能力建设。并按照国
家、行业的相关规定及建设工程应急管理的实际状况，

适时对建设工程的应急预防与应急准备能力、监测与预警能力、应急处置与救援能力、事后恢复与重建能力四个方面进行评估。

b) 施工单位、工程总承包单位及其管理的分包协作单位，应按照建设单位、授权机构应急能力建设管理要求，规范组织开展应急能力建设。自主组建评估专家队伍、自主开展应急能力建设评估。

c) 建设单位、监理单位应按季度对建设工程项目和施工单位、工程总承包单位的应急能力建设情况开展监督检查与指导。应对应急能力建设情况进行评估，编制评估报告，分别向建设工程主管部门、授权机构、行业监管机构报告。

19.5 应急救援

19.5.1 发生事故后，企业应根据预案要求，立即启动应急响应程序，按照有关规定报告事故情况，并开展先期处置：发出警报，在不危及人身安全时，现场人员采取阻断或隔离事故源、危险源等措施；严重危及人身安全时，迅速停止现场作业，现场人员采取必要的或可能的应急措施后撤离危险区域。

对于施工现场发生的突发事件或事故，应按照现场处置方案或应急救援方案进行先期处置与报告。对于先期处置未能有效控制事态的突发事故，施工单位要及时启动相关预案，由相关应急指挥机构或工作组统一指挥或指导有关部门开展应急处置工作。

现场应急指挥机构负责现场的应急处置工作，并根据需要具体协调、调集相应的安全防护装备。现场应急救援人员应携带相应的专业防护装备,采取安全防护措施,严格执行应急救援人员进入和离开事故现场的相关规定。

19.5.2　建设工程项目发生突发事故时,参建单位应第一时间启动应急响应,按突发事件分级标准确定应急响应等级,开展事故救援。必要时,应迅速与当地专业应急救援队伍取得联系,确保提供足够的人力和设备开展救援。

当发生有毒有害物质泄漏、火灾、治安、群体、交通、食物中毒等紧急事件时,应及时与110、119、120和当地专业应急救援队伍取等取得联系,寻求救助,确保提供足够的人力和设备,开展救援。

19.5.3　事故发生后,事故单位和有关人员应当妥善保护事故现场以及相关证据,不得破坏事故现场、毁灭相关证据。因抢救人员、防止事故扩大以及疏通交通等原因,需要移动事故现场物件的,应当做出标志,绘制现场简图并做出书面(视频)记录,妥善保存现场重要痕迹、物证。

19.5.4　建设工程项目突发事故的信息发布应由建设单位负责。信息发布应坚持实事求是、及时、准确的原则,正确把握舆论导向。信息发布的内容主要包括安全事故或自然灾害的性质、原因、过程、责任分析、防范措施等。

19.5.5　事故单位应做好事故后果的影响消除、施工秩序恢复、污染物处理、善后理赔、应急能力评估、对应急预案的评价和改进等后期处置工作,并对应急救援进行总结。

19.5.6　建设单位、监理单位应全程关注建设工程项目的事故救援处置、善后处理、环境清理、监测等工作,并及时向地方人民政府应急管理机构、行业主管部门报告事故发展态势、救援处置、善后处理等情况。

保持翔实的救援活动记录、资料。待应急救援结束后，进行全面的救援活动总结，向建设工程主管部门、行业监管机构报告。

20 事故报告与调查处理

20.1 事故报告

20.1.1 参建单位应建立事故报告程序，明确事故内外部报告的责任人、时限、内容等，并教育、指导从业人员严格按照有关规定的程序报告发生的生产安全事故。

事故报告应当及时、准确、完整，任何单位和个人对事故不得迟报、漏报、谎报或者瞒报。

20.1.2 建设工程项目发生事故后，事故现场有关人员应当立即向本单位负责人报告；事故单位负责人接到报告后，应当立即向建设单位报告，并同时向单位本部的安全生产管理部门报告。

建设单位于 1 小时内向事故发生地县级以上人民政府安全生产监督管理部门和行业监管部门报告。

20.1.3 发生较大及以上生产安全事故的，事故发生单位应同步向单位本部、建设单位、事故发生地县级以上人民政府安全生产监督管理部门和行业监管部门报告。

建设单位对较大及以上的生产安全事故，在向事故发生地县级以上人民政府安全生产监督管理部门和行业监管部门报告的同时，应将事故信息上报国家能源局电力安全监管司。

20.1.4 情况紧急时，事故现场有关人员可以直接向建设单位、事故发生地县级以上人民政府安全生产监督管理部门和行业监管部门报告。

20.1.5 事故报告的内容应包括以下几项：

a) 事故发生单位概况。

b) 事故发生的时间、地点以及事故现场情况。

c) 事故的简要经过。

d) 事故已经造成或者可能造成的伤亡人数（包括下落不明的人数）和初步估计的直接经济损失。

e) 已经采取的措施。

f) 其他应当报告的情况。

20.1.6 自事故发生之日起 30 日内，事故造成的伤亡人数发生变化的或道路交通事故、火灾事故自发生之日起 7 日内，事故造成的伤亡人数发生变化的，应及时向原报告单位进行补报。

20.1.7 发生火灾、自然灾害、危险物品、特种设备事故（事件）的，应同时向属地人民政府行业监管部门报告。

20.1.8 使用电话快报，应当包括下列内容：事故发生单位的名称、地址、性质；事故发生的时间、地点；事故已经造成或者可能造成的伤亡人数（包括下落不明、涉险的人数）。

事故具体情况暂时不清楚的，负责事故报告的单位可以先报事故概况，随后补报事故全面情况。较大涉险事故、一般事故、较大事故每日至少续报 1 次；重大事故、特别重大事故每日至少续报 2 次。

20.2　事故处置

20.2.1　事故发生后,事故单位应当立即采取相应的紧急处置措施,控制事故范围,防止衍生事故发生。事故危及人身和设备安全的,可以按照有关规定采取紧急处置措施。

20.2.2　事故造成电力设备、设施损坏的,建设单位应当立即组织有关单位进行抢修。

20.2.3　事故单位和相关人员应当妥善保护事故现场以及相关证据,任何单位和个人不得破坏事故现场、毁灭相关证据。

因抢救人员、防止事故扩大以及疏通交通等原因,需要移动事故现场物件的,应当做出标志,留存声像资料,绘制现场简图,并做出书面记录,妥善保存现场重要痕迹、物证。

20.3　事故调查和处理

20.3.1　按照地方人民政府或行业监管部门事故调查组的要求,积极配合事故调查工作。

参建单位应建立内部事故调查和处理制度,按照有关规定、行业标准和国际通行做法,将造成人员伤亡(轻伤、重伤、死亡等人身伤害和急性中毒)和财产损失的事故纳入事故调查和处理范畴。

20.3.2　不属于地方人民政府或行业监管部门事故调查范围的,或接受地方人民政府或行业监管部门委托组织开展事故调查的,建设单位应组建由事故单位授权机构相关人员参加的事故调查组,开展相应的事故调查工作。

没有发生人员伤亡或直接经济损失五十万元以下的事故（事件）由事故发生单位组织调查，出现轻伤事故或直接经济损失五十万元以上的事故由建设单位组织事故调查。

20.3.3　发生事故后，参建单位应及时成立内部事故调查组，明确其职责与权限，进行事故调查。事故调查应查明事故发生的时间、地点、经过、原因、波及范围、人员伤亡情况及直接经济损失等。

对事故进行调查时，事故（事件）有关单位和个人应积极予以配合，提供事故（事件）的有关情况、相关资料。任何组织和个人不得拒绝和隐瞒。

20.3.4　事故（事件）的调查应查明事故发生的时间、经过、原因、人员伤亡情况及直接经济损失等。

事故调查组应根据有关证据、资料，分析事故的直接、间接原因和事故责任，提出应吸取的教训、整改措施和处理建议，编制事故调查报告。事故调查报告应包括下列内容：

    a）　事故发生单位概况和事故发生经过。

    b）　事故造成的直接经济损失和事故影响。

    c）　事故发生的原因和事故性质。

    d）　事故应急处置和恢复电力生产、电网运行的情况。

    e）　事故责任认定和对事故责任单位、责任人的处理建议。

    f）　事故防范和整改措施。

事故调查报告应当附具有关证据材料，调查组成员应在事故调查报告上签名。

20.3.5　建设单位应组织有关单位开展事故案例警示教育活动，认真吸取事故教训，按照"四不放过"原则进行全员事故反思，结合岗位工作实际，制定反事故具体措施和"举一反三"的防范措施，防止类似事故再次发生。

20.3.6 事故调查组要及时召开安全生产分析通报会，对事故当事人的聘用、培训、考评、上岗以及安全管理等情况进行责任倒查。

20.3.7 建设单位应在事故结案后及时编制案例，报属地行业主管部门；监理单位应当对事故发生单位落实防范和整改措施的情况进行监督检查。

20.3.8 施工单位、工程总承包单位应建立事故档案和管理台账，将协作单位等相关方内部发生的事故纳入本单位的事故管理。

20.3.9 参建单位应按照有关规定和国家、行业确定的事故统计指标开展事故统计分析。

21 绩效评定与持续改进

21.1 基本要求

参建单位应建立健全安全绩效的评价、奖惩与持续改进管理制度。管理制度应包括确定安全绩效评价和奖惩的对象、评价内容及奖罚的标准、评价组织实施、落实奖罚与持续改进等内容。

参建单位应通过绩效评定，逐步实现全面管控生产经营活动各环节的安全生产与职业卫生工作，实现安全健康管理系统化、岗位操作行为规范化、设备设施本质安全化、作业环境器具定置化，并保持持续改进。

21.2 绩效评价的组织

参建单位主要负责人负责组织领导本单位项目绩效评价领导小组,对本单位项目的安全绩效评价全面负责。安全主管领导负责组织落实本单位项目的安全绩效评价工作。安全生产监督管理部门负责本单位项目绩效评价领导小组的日常工作,组织对本单位项目安全绩效评价的实施,提出健全完善安全生产管理工作的建议。

21.2.1 建设单位组建安全绩效评价领导小组,评价的对象应包括本单位的职能管理部门、监理单位、施工(或工程总承包)单位主要负责人、技术负责人和安全分管负责人等。

施工(或工程总承包)单位组建安全绩效评价领导小组,评价的对象应包括本单位相关职能管理部门,以及施工(或工程总承包)单位所管理的分包单位主要负责人、技术负责人和安全分管负责人等。

21.2.2 参建单位每年至少应对安全生产标准化管理体系的运行情况进行一次自评,验证各项安全生产制度措施的适宜性、充分性和有效性,检查安全生产和职业卫生管理目标、指标的完成情况。

21.2.3 建设单位每半年至少组织一次对本单位管理部门、施工(或工程总承包)单位及相关人员安全生产职责履行及安全生产目标完成情况的评价。

21.2.4 施工(或工程总承包)单位每季度应对本单位管理部门、分包单位及相关人员安全生产职责履行及安全生产目标完成情况的评价。

施工（或工程总承包）单位受到外部投诉或发生安全生产责任事故时、国家或行业及授权机构有要求时、生产经营与管理机制等发生重大变化时，应增加绩效评价的频次。

21.2.5 安全绩效评价的范围如下：

a) 安全生产法律法规执行情况。

b) 安全生产责任制的建立与履职情况。

c) 安全生产管理目标的实现情况。

d) 安全生产事故的控制情况。

e) 安全教育培训、安全投入、风险管控与隐患排查治理、应急管理、职业卫生、设备设施管理等管理活动。

f) 贯彻落实国家、行业及授权机构管理要求的情况。

g) 其他管理活动等。

21.2.6 参建单位主要负责人应全面负责组织自评工作，并将自评结果向本单位项目所有的管理部门、基层单位和从业人员通报。自评结果应形成正式文件，并作为年度安全绩效考评的重要依据。

21.2.7 建设单位应落实安全生产报告制度，定期向建设工程项目主管部门、属地监管机构报告安全生产情况，并向施工（或工程总承包）单位、监理单位进行通报。

施工（或工程总承包）单位、监理单位应按季度向建设单位报告安全生产情况，并向监理单位进行通报。

21.2.8 建设工程项目发生生产安全责任死亡事故，建设单位应重新进行安全绩效评定，全面查找安全生产标准化管理体系中存在的缺陷。

21.3　绩效评价的奖惩

21.3.1　参建单位根据安全绩效管理办法，建立安全绩效基金，依据年度内不同阶段的管理工作要求，组织开展相关的安全绩效考核与评价，提出奖惩意见（分优、良、合格、不合格）报本单位项目安全生产委员会批准，实施奖罚兑现。

21.3.2　建设单位应根据本项目安全生产委员会审议通过的绩效评估报告，每半年落实一次考核兑现。

建设单位的奖罚兑现对象应包括本单位各职能管理部门及各岗位人员，按照合同约定，对监理单位、施工（或工程总承包）单位进行奖惩。

21.3.3　施工（或工程总承包）单位根据本单位安全生产委员会审议通过的绩效评估报告，按季度落实考核兑现。

施工（或工程总承包）单位的奖罚兑现对象应包括本单位相关职能管理部门、作业队及各岗位人员，按照合同约定，对分包单位进行奖惩。

21.3.4　参建单位的相关职能管理部门、作业队应定期按照员工的承诺，组织进行考核评价。按照考核评价结果，实施奖罚兑现。

21.3.5　建设单位组织开展每年一次的安全生产先进班组（管理部门）、安全生产先进个人、安全生产优秀管理人员的评选活动，对受奖单位、个人给予一定的物质奖励。

21.3.6　安全绩效评价信息

　　a）　施工单位、工程总承包单位组织开展的安全绩效评价活

动结束后，总结报告形成正式文件，上报建设单位和授
权机构。

b） 建设单位组织开展的安全绩效评价、表彰先进，进
行奖罚兑现的报告、文件，应上报建设单位主管部
门、属地行业监管机构，并通报受到奖罚的单位的授
权机构。

21.4 持续改进

21.4.1 参建单位应根据安全生产标准化管理体系的自评结
果和安全生产预测预警系统所反映的趋势，以及绩效评定情
况，客观分析企业安全生产管理体系的运行质量，及时调整
完善相关制度文件和过程管控，持续改进，不断提高安全生
产绩效。

21.4.2 参建单位的安全绩效评价报告中应对各项安全生产制
度措施的适宜性、充分性和有效性进行验证，对安全生产工作目
标、指标的完成情况进行明晰的说明。提出安全生产管理体系运
行中存在的问题和缺陷以及所采取的改进措施，评价安全生产管
理体系中各种资源的使用效果。

21.4.3 参建单位的安全生产监督管理部门应根据安全绩效
评价结果和所反映的安全趋势，制订工作计划和措施，对安
全生产目标与指标、规章制度、操作规程等进行修改完善，
持续改进。

应针对责任履行、施工安全、检查监控、隐患整改、考评考
核等方面评估和分析出的问题提出纠正或预防措施，纳入下一周
期的安全工作实施计划当中。

22 安全档案管理

22.1 基本内容

安全档案资料是指参建单位在整个建设工程安全生产管理工作过程中形成的有归档保存价值的文件资料。包括工作活动中形成的文字材料、图纸、图表、声像材料和其他载体的材料。

22.2 基本要求

22.2.1 建设单位应制定档案管理制度，明确记录的管理职责及记录的填写、收集、标识、贮存、保护、检索、保留和处置要求；明确安全技术档案的编目、形式和档案库房管理、档案管理人员职责规范、档案保密规范、档案借阅规范等；签订有关合同、协议时，应对安全技术档案的收集、整理、移交提出明确要求。

参建单位签订有关合同、协议时，应对安全档案的收集、整理、移交提出明确要求。

22.2.2 监理单位应编制建设工程安全管理档案（记录）目录，经建设单位审定，在项目开工前印发施工单位。

22.2.3 施工单位、工程总承包单位应制定档案管理制度，按照监理单位编制建设工程安全管理档案（记录）目录和授权机构的管理要求，明确记录的管理职责及记录的填写、收集、标识、贮存、保护、检索、保留和处置要求；明确安全技术档案的编目、形式和档案库房管理、档案管理人员职责规范、档案保密规范、档案借阅规范等。

22.2.4 参建单位应配备专（兼）职档案工作人员，负责本单位项目形成的应归档文件材料的积累、审核、整理和归档工作。建立完善的管理台账，需归档保存的安全技术资料，按档案管理规定执行。每类台账应附有资料目录清单，以便核对和检索，档案管理基本要求如下：

a) 归档的文件材料必须是办理完毕、齐全完整的，能够准确地反映安全生产各项活动的真实内容和原始过程，具有保存价值。

b) 管理部门主办的文件，必须归档保存原件，确无原件的，须在备考表中予以说明。

c) 归档材料应按照上级有关部门的规定、标准和要求，进行整理、编目。用纸、用笔标准（不用铅笔、圆珠笔），字迹清晰。

d) 归档的文件所使用的书写材料、纸张、装订材料应符合档案保护要求。已破损的文件应予修复，字迹模糊或易褪变的文件应予复制。

e) 电子文件形成单位必须将具有永久和长期保存价值的电子文件，制成纸质文件，与原电子文件的存储载体一同归档，并使两者建立互联。

f) 特殊载体安全技术档案（录像带、照片、磁盘等）按载体形式、所反映问题或形成时间进行分类、编目。按其载体形式分别保存，并注明与相关纸质档案的互见号。

g) 归档的电子文件应存储到符合保管要求的脱机载体上。归档保存的电子文件一般不加密，必须加密归档的电了文件应与其解密软件和说明文件一同归档。

22.2.5 建设工程进行技术鉴定、重要阶段验收与竣工验收时，应同时审查、验收安全技术档案的内容与质量，并做出评价。

22.2.6 监理单位应对施工单位提交的安全技术档案材料履行审核签字手续。凡施工单位或工程总承包单位未按规定要求提交安全生产档案的，不得通过验收。

22.3 安全技术档案分类

22.3.1 安全技术档案分类要本着科学、合理的原则进行，既要严格标准、统一规范，又要结合实际、灵活掌握。参建单位应将安全技术档案管理纳入日常工作，明确管理部门、人员及岗位职责，健全制度，安排经费，确保安全技术档案管理工作的正常开展。

参建单位对本单位安全技术档案管理工作负总责，应做好自身安全技术档案的收集、整理、归档工作。

22.3.2 参建单位应规范安全生产过程、事件、活动、检查的安全记录、资料收集，及时整理。确保安全档案资料的完整性、真实性和可追溯性。

22.3.3 安全技术档案应分卷分类装盒归档，做到齐全、完整、有效。安全技术档案分类应包括以下基本内容：

　　a) 企业基本情况档案：企业基本情况表，企业营业执照、安全生产许可证及各类经营（作业）许可证（复印件）及其他法律法规规定的相关合法证照，施工单位布局图，重要危险点分布图，安全评价报告等。

　　b) 安全生产制度档案：按照法律法规、标准规范和上级（相关方)要求建立健全的各级安全生产责任制、各项岗位、设备安全操作规程等。

c) 安全组织机构档案：安全管理体系和职责，安全管理机构及其负责人任命文件，主要负责人、安全管理人员的安全培训证书（原件或复印件），安全管理人员任命及变动情况文件，签订的各级、各层次的安全生产责任书及承诺书等。

d) 安全教育培训档案：安全培训计划，教学大纲，安全教育培训考核试卷和考核情况统计表，安全教育培训工作总结，员工三级安全教育记录，全员培训记录，特种作业人员登记表和特种作业人员资格证书（可以是复印件），参加上级单位组织的安全教育培训记录等。

e) 安全生产费用使用档案：安全费用设立专项账户证明，安全投入计划，安全费用提取、使用台账和单据，缴纳安全生产责任险的单据，为员工缴纳工伤保险费和获得工伤保险理赔的凭证或单据，安全生产费用使用情况的监督检查资料等。

f) 上级通知文书档案：执法文书登记表，各级人民政府、安委会、安委会办公室、安监局、安监支队下发的有关安全生产方面的文件、书面或者电话通知记录，下达的现场检查记录、责令整改指令书、整改复查指令书、强制措施指令书、行政处罚告知书等各类执法文书，以及整改闭合资料等。

g) 安全工作部署档案：安全生产发展规划，安全生产工作规划（计划），贯彻落实上级有关安全生产工作的通知，

企业及主要负责人对安全生产工作的承诺书,主要领导
对安全生产工作的指示(批示)的文件,工会对安全生
产责任制、安全预算、职业危害和事故情况的审查意见
和落实情况监督记录,工会对安全管理的监督检查记
录,年度安全生产工作情况总结、汇报,上报的各种安
全生产方面的计划、总结、报告等。

h) 安全生产会议档案:按照安全标准化要求、行业标准和
安全生产会议制度规定的频次组织召开的各类安全生
产工作会议的记录、会议资料、领导讲话,以及参加上
级部门安全生产工作会议记录等。

i) 安全检查工作档案:按照安全标准化标准、行业规定和
安全生产检查制度要求制订的安全检查计划,综合性检
查、专项安全检查、季节性安全检查、节假日等敏感时
期安全检查和日常安全检查的记录,各级领导检查情况
记录,检查情况统计表台账,各项检查的总结汇报材料,
以及整改闭合资料等。

j) 隐患排查整治档案:结合安全监督检查活动制订的隐患
排查计划,一般隐患排查整治处理记录,重大隐患排查
整治处理记录、各类隐患排查治理统计报表、风险分析
评价资料、评价报告,以及隐患排查治理、重大隐患报
告与监控情况资料等。

k) 重大风险(危险源)档案:组织开展的风险(危险源)
辨识评价资料,重大风险(危险源)申报表,重大风险
(危险源)备案证明,重大风险(危险源)登记证,
重要危险点分布图,重大风险(危险源)目录、重

大风险（危险源、点）基础信息表，重大风险（危险源）安全评价报告，以及重大风险（危险源）监控措施，重大风险（危险源）应急预案，重大风险（危险源）监控记录等。

l)　安全设施"三同时"管理档案：安全设施建设策划资料，开工安全生产基本条件复查资料，以及基层单位的安全生产条件评价、安全生产预评价报告，施工安全设施验收资料等。

m)　高危作业管理档案：危险作业活动专项施工方案和审批意见，以及对基层单位动火、动土、临时用电、吊装、爆破、有限空间作业、高处作业等高危作业活动的监督检查、记录等。

n)　设施设备管理档案：设备维修保养计划、特种设备管理台账、特种设备的定期检验和组织开展的检查记录，以及基层单位的特种设备与施工机械设备发布台账，特种设备检测、检验资料，施工机械设备管理工作总结汇报资料等。

o)　职业卫生健康档案：职业卫生检查计划，职业危害作业场所检测计划，职业危害申报统计表，资质单位职业危害定期检测检验报告、自检报告，产生职业病危害的岗位的预防措施，配备劳动防护用品及使用情况，职工个人职业危害档案、职工职业危害健康体检表、确诊为职业病的员工情况及其身体检查、治疗记录，对基层单位职业卫生管理活动的监督检查资料，职业卫生评估报告等。

p） 安全标准化档案：安全标准化原始创建材料，安全标准化达标证明文件，安全标准化运行情况定期自查报告等。

q） 安全信息化档案：安全信息化原始创建材料，安全信息化专职信息员基本情况表，信息化装置配备及维护保养情况，安全信息化企业的验收申请、现场验收表格及证明文件，安全信息化动态情况上报记录，安全信息保密方案，安全标准化运行情况定期自查报告，网上安全监督管理工作开展情况等。

r） 企业安全文化档案：安全文化建设目标、方针，安全文化建设规划，安全文化建设工作计划，安全文化重要活动的方案、总结，宣传安全生产的演讲、技能竞赛、文艺演出等活动记录（含图片）等。

s） 劳动安全防护档案：安全防护设备采购记录，安全防护设备的种类及型号、质量等基本情况记录，以及基层单位劳动防护用品发放记录，安全防护设备运行维护保养情况等。

t） 应急预警救援档案：应急救援组织机构网络图，应急救援队伍人员档案，应急救援预案编制方案，专家对预案进行评审的会议纪要和评审意见，应急预案备案证明，正式发布的应急救援预案总案、专项预案、现场处置方案文本，应急救援器材登记表，应急预案学习培训记录，应急救援演练计划、记录、总结和针对存在问题提出的应急预案修改意见，以及基层单位突发事件发生后的上报记录以及应急处置措施和记录。极端气候条件下预警记录、预报记录和停产撤人等应急处置记录等。

u）　生产安全事故档案：生产安全事故报告、报表，事故调查处理工作情况，落实事故处理决定情况等有关方面文件资料等。

v）　安全技术管理档案：安全技术规划、施工组织设计、专项施工方案的审批与落实监督资料，以及基层单位作业指导书（专项安全技术措施）的编审批、交底、实施记录及安全技术管理活动的总结、汇报资料等。

w）　分包管理档案：合格分包商管理台账，分包计划审批资料，对基层单位分包管理工作的监督检查资料，以及基层单位的分包管理工作总结、汇报资料等。

x）　安全绩效工作档案：安全生产与职业卫生管理情况报告，安全生产责任制及安全生产与职业卫生目标监督检查资料，安全绩效考核与奖罚资料，安全绩效管理成果资料等。

22.4　安全技术档案管理原则

22.4.1　安全生产档案保管期限分为永久、长期（30 年、10 年）两种。其中永久性保存的安全生产档案主要为安全生产制度档案、生产安全事故档案、职业卫生健康档案、安全标准化档案、安全信息化档案、企业安全文化档案等。

22.4.2　安全生产档案工作人员应对各管理部门、作业单位送交的各类安全生产档案认真检查。检查合格后交接双方在移交清册（一式两份）和检查记录上签字，正式履行交接手续。接收电子安全生产档案时，应在相应设备、环境上检查其真实有效性，并确定其与内容相同的纸质安全生产档案的一致性，然后办理交接手续。

22.4.3 安全档案工作人员应对各管理部门移送的各类安全技术档案进行检查验收，合格后办理移交手续。

22.4.4 施工单位、工程总承包单位组织开展安全检查或隐患排查活动时，应对安全技术档案管理开展专项检查，并对安全技术档案管理工作做出评价。

22.4.5 建设单位每季度至少组织开展一次对安全技术档案管理状况的专项检查，并加强对各参建单位安全技术档案管理工作的监督、检查和指导。

22.4.6 监理单位每月组织开展的安全生产检查或隐患排查活动，必须对安全技术档案的管理状况开展针对性的检查。

附 录 A

（资料性附录）

危险性较大的分部分项工程

A.1 通用部分包括（但不限于）

a) 特殊地质地貌条件下施工。

b) 人工挖孔桩工程。

c) 土方开挖工程：开挖深度超过 3m（含 3m）的基坑（槽）的土方开挖工程。

d) 基坑支护、降水工程：开挖深度超过 3m（含 3m）或虽未超过 3m 但地质条件和周边环境复杂的基坑（槽）支护、降水工程。

e) 边坡支护工程。

f) 模板工程及支撑体系：

1) 各类工具式模板工程：包括大模板、滑模、爬模、飞模、翻模等工程。

2) 混凝土模板支撑工程：搭设高度 5m 及以上；搭设跨度 10m 及以上；施工总荷载 $10kN/m^2$ 及以上；集中线荷载 15kN/m 及以上；高度大于支撑水平投影宽度且相对独立无联系构件的混凝土模板支撑工程。

3) 承重支撑体系：用于钢结构安装等满堂支撑体系。

g) 起重吊装及安装拆卸工程：

1) 采用非常规起重设备、方法，且单件起吊重量在 10kN 及以上的起重吊装工程。

2) 采用起重机械进行安装的工程。

3) 起重机械设备自身的安装、拆卸。

h) 脚手架工程。

1) 搭设高度 24m 及以上的落地式钢管脚手架工程。

2) 附着式整体和分片提升脚手架工程。

3) 悬挑式脚手架工程。

4) 吊篮脚手架工程。

5) 自制卸料平台、移动操作平台工程。

6) 新型及异型脚手架工程。

i) 拆除、爆破工程：

1) 建（构）筑物拆除工程。

2) 采用爆破拆除的工程。

j) 临近带电体作业。

k) 其他。

1) 建筑幕墙安装工程。

2) 钢结构、网架和索膜结构安装工程。

3) 地下暗挖、顶管、盾构、水上（下）、滩涂及复杂地形作业。

4) 预应力工程。

5) 用电设备在 5 台及以上或设备总容量在 50kW 及以上的临时用电工程。

6) 厂用设备带电。

7) 主变压器就位、安装。

8) 高压设备试验。

9) 厂、站（含风力发电）设备整套启动试运行。

10) 有限空间作业。

11) 采用新技术、新工艺、新材料、新设备的分部分项工程。

A.2 火电（含核电常规岛）工程包括（但不限于）

a) 锅炉水压试验。

b) 汽包就位。

c) 锅炉板梁吊装就位。

d) 锅炉受热面吊装就位。

e) 汽轮机本体安装。

f) 燃机模块吊装就位。

g) 发电机定子吊装就位。

h) 除氧器吊装就位。

i) 氢系统充氢。

j) 燃气管道置换及充气。

k) 锅炉酸洗作业。

l) 锅炉、汽机管道吹扫。

m) 燃油系统进油。

n) 液氨罐充氨。

o) 烟囱、冷却塔筒壁施工。

A.3 水电工程包括（但不限于）

a) 隧道、竖井、大坝、地下厂房、防渗墙、灌浆平洞、主动（被动）防护网、松散体、危岩体等开挖、支护、混凝土浇筑等工程。

b) 水轮机安装及充水试验。

c) 尾水管、座环、发电机转子定子吊装。

d) 缆机设备自身的安装、拆卸工程。

e) 岩壁梁工程。

f) 竖（斜）井载人（载物）提升机械安装工程。

g) 上下游围堰爆破拆除工程。

h) 水下岩坎爆破工程。

A.4 送变电及新能源工程包括（但不限于）

a) 运行电力线路下方的线路基础开挖工程。

b) 10kV 及以上带电跨（穿）越工程。

c) 15m 及以上跨越架搭拆作业工程。

d) 跨越铁路、公路、航道、通信线路、河流、湖泊及其他障碍物的作业工程。

e) 铁塔组立，张力放线及紧线作业工程。

f) 采用无人机、飞艇、动力伞等特殊方式作业工程。

g) 铁塔、线路拆除工程。

h) 索道、旱船运输作业工程。

i) 塔筒及风机运输、安装工程。

j) 山地光伏安装（含设备运输）工程。

附　录　**B**

（资料性附录）

超过一定规模的危险性较大的分部分项工程

B.1　通用部分包括（但不限于）

a）　深基坑工程

1）　开挖深度超过 5m（含）的基坑（槽）的土方开挖、支护、降水工程。

2）　开挖深度虽未超过 5m，但地质条件、周围环境和地下管线复杂，或影响毗邻建（构）筑物安全的基坑（槽）的土方开挖、支护、降水工程。

b）　模板工程及支撑体系

1）　各类工具式模板工程：包括大模板、滑模、爬模、飞模、翻模等工程。

2）　混凝土模板支撑工程：搭设高度 8m 及以上；搭设跨度 18m 及以上；施工总荷载 15kN/m² 及以上；集中线荷载 20kN/m 及以上。

3）　承重支撑体系：用于钢结构安装等满堂支撑体系，受单点集中荷载 700kg 以上。

c）　起重吊装及安装拆卸工程

1）　采用非常规起重设备、方法，且单件起吊质量在 100kN 及以上的起重吊装工程。

2）　起重量 600kN 及以上的起重设备安装工程；高度

200m 及以上内爬起重设备的拆除工程。

d） 脚手架工程

1） 搭设高度 50m 及以上落地式钢管脚手架工程。

2） 提升高度 150m 及以上附着式整体和分片提升脚手架工程。

3） 架体高度 20m 及以上悬挑式脚手架工程。

e） 拆除、爆破工程

1） 采用爆破拆除的工程。

2） 码头、桥梁、高架、烟囱、冷却塔拆除工程。

3） 容易引起有毒有害气（液）体、粉尘扩散造成环境污染及易引发火灾爆炸事故的建、构筑物拆除工程。

4） 可能影响行人、交通、电力设施、通信设施或其他建（构）筑物安全的拆除工程。

5） 文物保护建筑、优秀历史建筑或历史文化风貌区控制范围的拆除工程。

f） 其他

1） 施工高度 50m 及以上的建筑幕墙安装工程。

2） 跨度大于 36m 及以上的钢结构安装工程；跨度大于 60m 及以上的网架和索膜结构安装工程。

3） 开挖深度超过 16m 的人工挖孔桩工程。

4） 复杂地质条件的地下暗挖工程、顶管、盾构、水下作业工程。

5） 高度在 30m 及以上的高边坡支护工程。

6） 采用新技术、新工艺、新材料、新设备且无相关技术标准的分部分项工程。

B.2　水电工程

a)　缆机设备自身的安装、拆卸作业工程。

b)　岩壁梁施工作业工程。

c)　竖（斜）井载人提升机械安装工程。

d)　隧道开挖作业工程。

e)　上下游围堰爆破拆除工程。

f)　水下岩坎爆破工程。

B.3　送变电及新能源工程

a)　高度超过 80m 及以上的高塔组立工程。

b)　运输质量在 20kN 及以上、牵引力在 10kN 及以上的重型索道运输作业工程。

c)　风机（含海上）吊装工程。

附　录　C

（资料性附录）

重要临时设施、重要施工工序、特殊作业、危险作业项目

C.1　重要临时设施

重要临时设施包括（但不限于）施工供用电、用水、压缩空气及其管线，氧气、乙炔库及其管道，交通运输道路，作业棚，加工间，资料档案库，砂石料生产系统、混凝土生产系统、布料机、混凝土预制件生产厂、起重运输机械，油库、炸药、剧毒品库及其他危险品库，射源存放库和锅炉房等。

C.2　重要施工工序

重要施工工序包括（但不限于）大型起重机械安装、拆除、移位及负荷试验，特殊杆塔及大型构件吊装，高塔组立，张力放线、预应力混凝土张拉，除氧器吊装，汽轮机扣缸，发电机定子吊装，发电机穿转子，大型变压器运输、吊罩、抽芯检查、干燥及耐压试验，主要电气设备耐压试验，高压线路及厂用设备带电，油系统进油，锅炉受热面及大板梁吊装，锅炉水压试验，临时供电设备安装与检修，汽水管道冲洗及过渡，循环水泵、磨煤机等重要转动机械试运，主汽管吹洗，锅炉升压、安全门整定，油循环，汽轮发电机组试运，燃气管道吹扫，燃气、氢气等投运，发电机首次并网，高边坡开挖，爆破作业，高排架、承重排架安装和拆除，土石方开挖、基础处理、支护，大体积混凝土浇筑，机

电金结安装，水轮机充水试验，洞室开挖中遇断层、破碎带的处理等。

C.3　特殊作业

特殊作业包括（但不限于）大型设备、构件装卸运输（超重、超高、超宽、超长、精密、价格昂贵设备），爆破、爆压及在有限空间内作业，高压带电线路交叉作业，邻近高压线路施工，重要及特殊跨越作业，进入高压带电区、厂（站）运行区、氢气站、氨区、油区、氧气（乙炔）站及带电线路作业，高处压接导线、接触易燃易爆、剧毒、腐蚀剂、有害气体或液体及粉尘、射线作业，季节性施工，多工种立体交叉作业及与运行交叉的作业，盲板抽堵作业，大坎、悬崖部分混凝土浇筑，岩臂梁施工等。

C.4　危险作业项目

危险作业项目包括（但不限于）起重机满负荷起吊，两台及以上起重机抬吊作业，移动式起重机在高压线下方及其附近作业，起吊危险品，超重、超高、超宽、超长物件装卸及运输，易燃易爆区动火作业，在发电、变电运行区作业，高处作业，高压带电作业及邻近高压带电体作业，特殊高处脚手架、大型起重机械拆卸、组装作业，水上、水下作业，沉井、沉箱、顶管、盾构、有限空间内作业，土石方爆破，国家和地方规定的其他危险作业。

附　录　D

（资料性附录）

常用的施工机械设备分类

电力建设工程施工机械设备的种类很多，根据设备主要参数可分为：大、中、小型施工机械设备。根据用途可分为：混凝土机械、钢筋加工及预应力机械、土石方机械、起重机械、桩工机械、砂石料生产机械、运输机械、焊接机械、木工机械、地下施工机械及其他中小型机械等。

D.1　混凝土机械：主要有混凝土搅拌机、混凝土搅拌输送车、混凝土泵等。

D.2　钢筋加工及预应力机械：主要有钢筋切断机、钢筋调直机、钢筋弯曲机、钢筋对焊机、钢筋预应力机等。

D.3　土石方机械：主要有装载机、挖掘机、推土机、翻斗车等。

D.4　起重机械：属于特种设备的主要有塔式起重机（40t·m 以上）、门座起重机、桥式起重机（3t 以上）、龙门式起重机、履带式起重机、水塔平桥、施工升降机、轮胎式起重机、缆索起重机、叉式起重机。其他起重机械主要有卷扬机、电动葫芦、液压或电动滑模装置、抱杆、机动绞磨、牵引机、张力机、汽车起重机、塔带机。

D.5　桩工机械：主要有打桩机、振动沉桩机、压桩机、灌注桩钻孔机等。

D.6　砂石料生产机械：主要有破碎机、筛分机、输送机、取料机等。

D.7 运输机械：主要有低驾平板车、拖板车、机动翻斗车、拖拉机等。

D.8 焊接机械：主要有交（直）流焊机、氩弧焊机、点焊机、二氧化碳气体保护焊机、埋弧焊机、对焊机、竖向钢筋电渣压力焊机等。

D.9 木工机械：主要有带锯机、圆盘锯、平刨、木工车床等。

D.10 地下施工机械：主要有顶管机、盾构机等。

D.11 其他中小型机械：主要有咬口机、剪板机、折板机、卷板机、坡口机、法兰卷圆机、套丝切管机、弯管机、小型台钻、喷浆机、柱塞式与隔膜式灰浆泵、挤压式灰浆泵、水磨石机、切割机、通风机、离心水泵、潜水泵、深井泵、泥浆泵、真空泵、空压机等。

附 录 E

（资料性附录）

安 全 设 施 目 录

E.1 预防事故设施包括（但不限于）

a) 检测、报警设施：主要有压力表、温度计、液位计、流量表、可燃气体、有毒有害气体等检测和报警器等。

b) 机械设备安全防护设施：主要有防护罩、防护屏、防雨棚、静电接地设施等（未含施工机械设备自带的安全防护装置）。

c) 安全隔离设施：主要有安全围栏、安全隔离网、提示遮拦等。

d) 孔洞防护设施：主要有孔洞盖板、沟道盖板及护栏。

e) 安全通道：主要有斜型走道和水平通道（含栈桥、栈道、悬空通道）。

f) 高处作业安全设施：主要有安全网（含滑线安全网、线路跨越封网）、密目式安全立网、钢（软）爬梯（含下线爬梯）、水平安全绳、活动支架、速差自控器、攀登自锁器（及配套缆绳）、柱头托架、高处摘钩及对口走台托架、高处作业平台等。

g) 施工用电设施：主要有施工配电集装箱、低压配电箱、便携式卷线盘、安全隔离电源、漏电保安器、集中广式照明设施、安全低压照明设施等。

h) 预防雷击和近电作业防护设施：主要有接地滑车、接地线、验电器等。

i) 其他安全设施：主要有通风与除尘设备（含喷、洒水车）、易燃易爆物资储存设施、现场休息室（吸烟室）、隔音值班室、现场医疗室、作业棚、电焊机集装箱及二次线通道、排架、井架、施工电梯及各类安全宣传、警示、指示、操作规程牌等。

E.2 减少与消除事故影响设施包括（但不限于）

a) 灭火设施：主要有消防器材架、消防桶、消防锹、灭火器、消火栓、高压水枪（炮）、消防车、消防水管网、消防站等。

b) 紧急个体处置设施：主要有洗眼器、喷淋器、逃生器、逃生索、应急照明等设施。

c) 应急救援设施：主要有工程抢险装备和现场受伤人员医疗抢救设施等。

d) 逃生避难设施：主要有逃生和避难的安全通道（梯）、安全避难所、避难信号等。

附 录 F

（资料性附录）

应办理安全施工作业票的分部分项工程

F.1 通用危险作业项目包括（但不限于）

a) 特殊地质地貌条件下基础施工；

b) 3m 及以上基坑在复杂地质条件施工，5m 及以上基坑施工，人工挖孔桩作业；

c) 高边坡开挖和支护作业；

d) 多种施工机械交叉作业的土石方工程；

e) 爆破作业；

f) 悬崖部分混凝土浇筑；

g) 24m 及以上落地钢管脚手架搭设及拆除；

h) 大型起重机械安装、移位及负荷试验；

i) 卷扬机提升系统组装、拆除作业；

j) 两台及以上起重机械抬吊作业；

k) 厂（站）内超载、超高、超宽、超长物件和重大、精密、价格昂贵的设备装卸及运输；

l) 起吊危险品作业；

m) 起重机械达到额定负荷 90%的起吊作业；

n) 变压器（换流变、高抗）就位及安装；

o) 大型构件（架）吊装；

p) 厂（站）设备带电；

q)　临近带电体作业；

r)　高压试验作业；

s)　发电机定子、转子组装及调整试验；

t)　水上（下）作业；

u)　有限空间作业；

v)　重点防火部位的动火作业。

F.2　火电工程（核电常规岛）包括（但不限于）

a)　发电机定子吊装就位、汽轮机扣缸；

b)　锅炉顶板梁吊装、就位；

c)　锅炉水压试验；

d)　磨煤机、送引风机等重要辅机的试运；

e)　锅炉、汽机管道吹扫；

f)　燃机模块吊装就位；

g)　机组的启动及试运行。

F.3　水电工程包括（但不限于）

a)　洞室开挖遇断层处理；

b)　岩壁梁施工；

c)　充排水检查；

d)　危石、塌方处理；

e)　液氨管道检修焊接；

f)　坝体渗水处理；

g)　机组的启动及试运行。

F.4 送变电及新能源工程包括（但不限于）

a) 换流阀安装；

b) 运行电力线路下方的线路基础开挖；

c) 10kV 及以上带电跨（穿）越作业；

d) 15m 及以上跨越架搭拆作业；

e) 跨越铁路、公路、航道、通信线路、湖泊及其他障碍物的作业；

f) 杆塔组立，张力放线及紧线施工；

g) 特殊施工方式作业（无人机、飞艇、动力伞等）；

h) 杆塔、线路拆除工程；

i) 索道、旱船运输作业；

j) 塔筒及风机在山区道路运输；

k) 风机吊装。

F.5 其他

国家、行业和地方规定的其他重要及危险作业。